超美味

手作点心的食与爱

超美味

手作点心的食与爱

[日]石田佳子 著
吴 奕 译

重庆出版集团 重庆出版社

图书在版编目(CIP)数据

超美味:手作点心的食与爱/(日)石田佳子著;吴奕译. —重庆:重庆出版社,2018.3
ISBN 978-7-229-12796-1

Ⅰ.①超… Ⅱ.①石… ②吴… Ⅲ.①甜食—制作
Ⅳ.①TS972.134

中国版本图书馆CIP数据核字(2017)第262274号

超美味——手作点心的食与爱
CHAO MEIWEI—SHOUZUO DIANXIN DE SHI YU AI
[日]石田佳子 著 吴 奕 译

责任编辑:陶志宏 何 晶
责任校对:李小君
装帧设计:刘 颖

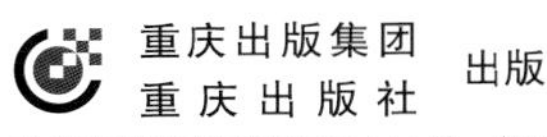
重庆出版集团
重庆出版社 出版

重庆市南岸区南滨路162号1幢 邮政编码:400061 http://www.cqph.com
重庆出版集团艺术设计有限公司制版
重庆奥博印务有限公司印刷
重庆出版集团图书发行有限公司发行
E-MAIL:fxchu@cqph.com 邮购电话:023-61520646
全国新华书店经销

开本:889mm×1194mm 1/16 印张:12.25 字数:150千
2018年3月第1版 2018年3月第1次印刷
ISBN 978-7-229-12796-1
定价:58.00元

如有印装质量问题,请向本集团图书发行有限公司调换:023-61520678

目 录

献辞

谨将此书献给我的妈妈Takako Hamanaka和我的丈夫Takehisa Ishida，他们一直不遗余力地支持我。妈妈教给了我做家常食物的乐趣，她年轻时经历战乱，颠沛流离，但她总是用身边一切可用的东西做吃的。我的丈夫，Takehisa，总是默默地鼓励我，包容我所有的梦想和野心。

致谢

我想要感谢：

我的烘焙老师，加藤千惠女士，分享给我这本书中的瑞士海绵卷食谱。她在日本是个著名的烘焙老师，与Martha Stewart齐名。她有着很高的品位，尤其是在蛋糕装饰方面，她的食谱都是简单却美味的。

我的新加坡朋友们：Susan Utama, Law Khee, Emil Cheng, Lin Limei, Clair Wee和Loke Kah Yin；他们不仅是我的学生，也是我最好的朋友。在新加坡，我们度过了很多愉快的时光，我们分享食谱，一起烹饪，一起去很多饭店吃饭。他们邀请我参加了很多家庭聚会、聚餐和像中国春节这样的节假日的庆祝活动，我从中学到了很多新加坡文化，我很喜欢和他们在一起，很幸运有了这些好朋友。

Shermay Lee：她给了我很多机会，让我把我的烘焙体会分享给新加坡人，她是个非常能干有魅力的女士，一直鼓励支持我。

我的住在新加坡的日本朋友：Shizuka Nagamine, Sachiko Nakamura, Mika Ito, Masako Kusama, Junko Suzuki和Yumiko Suzuki，他们的友情和善良给了我莫大的帮助，尤其是Shizuka，在整个烘焙过程中，她一直支持帮助我，给我拍照，我很享受有她陪伴的过程。

买这本书的朋友：我很高兴能有机会与您分享我对烘焙的热爱，我希望您能用我的食谱给家人朋友烘焙，从中得到乐趣。

最后，感谢上帝和我的守护天使们，赋予我这样的能力，给予我展示天赋的机会，我希望每一个读了这本书的人，都能通过烘焙将爱传递给他人，上帝保佑每一个活在这个美丽世界上的人。

爱你们的，

佳子

前 言

When I was young, my mother often baked simple sweets for my two older brothers and me.

小时候，妈妈常给我和两个哥哥做简单的甜点，因为我们喜欢，妈妈就在闲暇时经常做。那些小点心也许不那么漂亮，但它们的朴实和美味至今仍在我的唇齿留香。与那些点心相伴的日子温暖而快乐。妈妈最拿手的是几乎天天都做的菠萝芝士蛋糕，她也喜欢做小薄饼、甜甜圈、奶油三明治、蒸蛋糕、黄油小蛋糕（日式玛德琳）等等。本书中介绍的菠萝芝士蛋糕和日式玛德琳，便是妈妈给予的灵感，是暖暖的妈妈的味道。

孩提时最难忘的记忆之一是与妈妈和哥哥一起做甜甜圈。我们一起把甜甜圈的面团揉成各种形状：棒球拍、小球球、小圈儿、小辫子……然后妈妈把它们放进油锅里炸。欢乐亲子时光，历历在目。九岁起，我开始独立做烘焙。妈妈有一本美国人写的烘焙的小书，里面的各种小饼干让我着迷不已，哥哥们狼吞虎咽地吃着我做的小饼干，还不断恳求我多做再多做。从那时起，我发现我的烘焙可以给人带来快乐，而我，也从中得到了为爱人洗手做羹汤的无穷乐趣。

21岁起，在一些烘焙学校里，我开始研究烘焙艺术；27岁，我进入巴黎Ritz Escoffier学校，开始每年都到法国学习法式甜点制作。如今，我成为烘焙老师已十五年，我依然不觉得自己是一名甜点大厨，我只是爱与欢乐的传递者，因为烘焙出来的，不仅仅是各式点心，更是幸福的承载物。我的学生、朋友和家人喜欢我的点心食谱，这是种幸福的感觉；我的学生们，他们不仅自己喜欢品尝、喜欢做，也为他们的亲朋好友做，这是真正口口相传的幸福。学生们如今有成为烘焙艺术专家的，有成为甜点大厨的，有成为烘焙老师的，有开餐厅的，有成为饮食业翘楚的，我为他们自豪，我也从他们身上，汲取了爱与力量。

做家常蛋糕充满着无穷的乐趣。我喜欢普通甜品店里的蛋糕和甜点，我也喜欢如艺术品般、有着纷繁复杂的原料和工艺的精致漂亮的蛋糕和甜点，但是，做简单点心时洋溢着的暖暖的惬意的居家心情，这样的乐趣，是无与伦比的。

我希望每一个买我的书的你，都能从我的食谱中得到爱和快乐，如果你能像我一样，用烘焙给家人和朋友带来幸福，那将是我最由衷最真挚的愿望。

爱你们的，

佳子

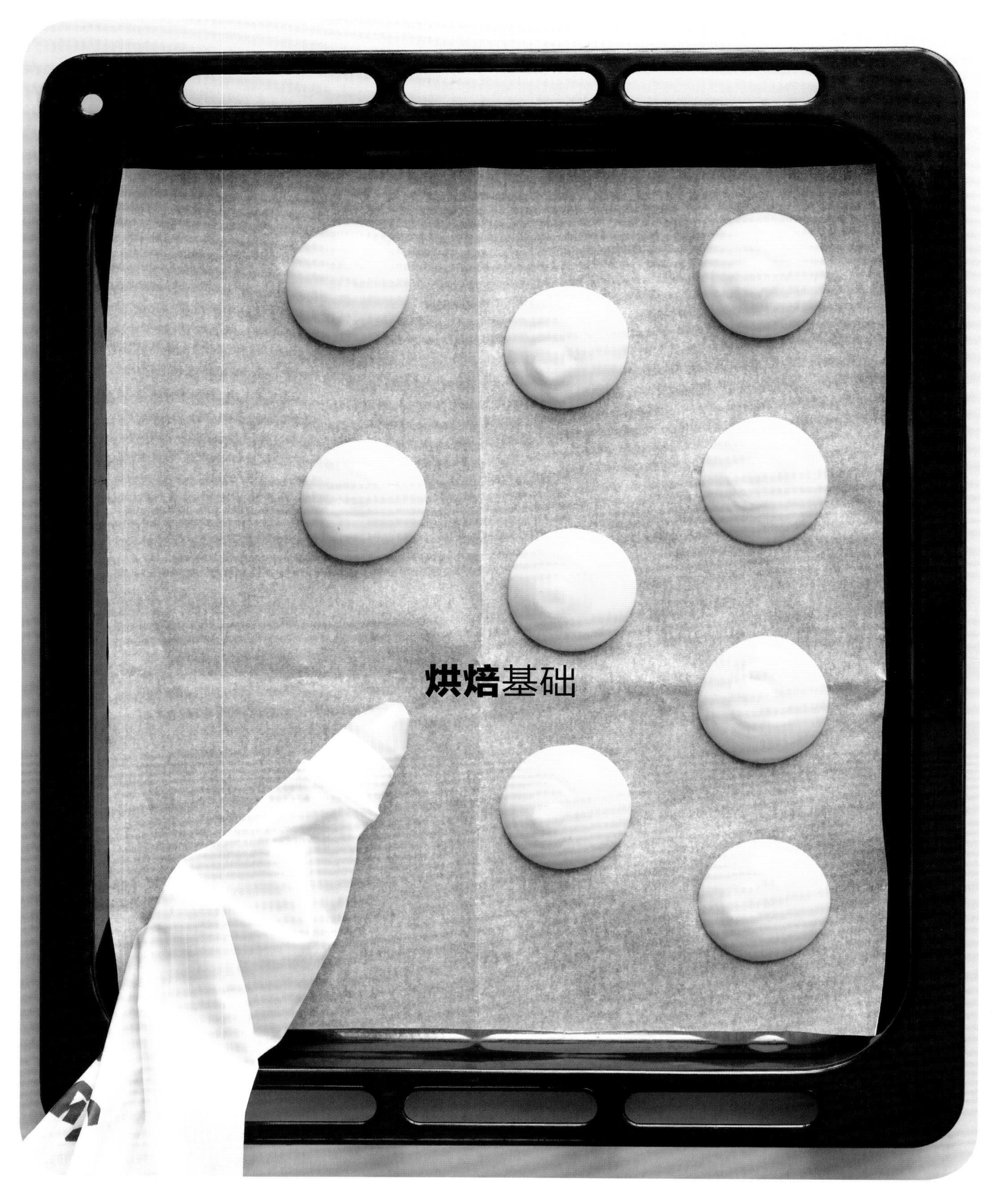

烘焙基础

开始烘焙前的准备工作

1 读懂食谱

开始烘焙前仔细读懂食谱，记下所需原料和工具，估算完成烘焙过程所需时间以便计划安排。

2 准备所需原料和工具

开始烘焙前确保手头有所需原料和工具，如果可能，使用最新鲜和最高品质的原料，事先将原料称重，推荐使用电子秤来确保原料的准确分量。为了保证烘焙过程顺利进行，有些需要提前准备，比如将原料放置至合适温度、在烤盘上涂上油脂或铺上烤盘纸、将面粉过筛、将鸡蛋的蛋清和蛋黄分离、融化巧克力或黄油、烤熟坚果等等。完成这些，有时离成功便只有一步之遥了。

3 准备一处整洁干净的工作台

为了更高效地工作，需要一个整洁、干净的工作台，如果你的厨房如我这般太小或太热，可在厨房外的餐厅加张桌子来扩充工作地。

4 必要时检查并调整室温

室温和湿度会影响烘焙的结果，如果需要，打开空调，调低温度和湿度。

5 预热烤箱，在冰箱和冰柜中留出空间

养成烘焙前预热烤箱的习惯，有些蛋糕和饼干可以等待烤箱升温，但搅拌混合均匀的面糊最好立即放进预热好的烤箱。如果蛋糕需要冷藏或冷冻，则需提前在冰箱和冰柜中留出足够空间。

烘焙工具

1 戚风蛋糕模或中空模

这套蛋糕模相当于两个铝制模——一个圆形活底模和一个圆形中空模，制作戚风蛋糕时不推荐使用不粘蛋糕模。

2 活底凹槽挞盘

我经常使用直径20或22厘米的挞盘，这样尺寸的挞或派一般可供8到10人食用。

3 麦芬蛋糕盘和麦芬蛋糕纸模

我的烤箱较小，因此我使用六孔而非十二孔的麦芬蛋糕盘，我的食谱中麦芬蛋糕量都是六个，如果要制作更多，可以使原料的用量加倍。我也经常使用纸模来制作麦芬蛋糕，因为更容易脱模食用。

4 磅蛋糕模

制作磅蛋糕时，可以使用任意尺寸的锡制、铝制或不锈钢蛋糕模，要注意的是，锡制模容易吸收热量，因此制作冷的甜点，如慕斯蛋糕和芝士蛋糕时不宜使用。

5 活底蛋糕模

活底蛋糕模可以使精致的蛋糕更易脱模，铝或不锈钢活底模可以用于烘烤或冷冻，不易生锈。

6 方形蛋糕圈

蛋糕圈可以用来制作慕斯蛋糕和芝士蛋糕，不锈钢蛋糕圈比铝制圈更好因为前者更硬、更易成形，锡制圈容易吸收热量，因此不适合制作冷的甜点。

7 不锈钢托盘或铝托盘

手头常备这些托盘可以使原料有序摆放，可以用来搅拌奶油酱使之冷却，可以用来放在蛋糕架下以方便给蛋糕撒上糖粉或可可粉。

8 海绵蛋糕盘或薄盘

海绵蛋糕盘是一种浅底方形铝制或不锈钢盘，我经常使用28厘米×28厘米的方盘。

9 花钉

花钉是在裱花、叶和其他蛋糕装饰图案时的必备工具，做出完美的奶油花或糖花的关键是调整花钉的角度以裱出各种形状的花瓣。

10 金属切模（扁平和带凹槽）

比起塑料切模，我更喜欢使用金属切模，因为后者的切口更加平滑，制作派或者司康时蓬起的形状更好，推荐准备一套有各种尺寸大小的切模。

11 量勺

小份原料的精确取量必须使用量勺，最好准备一套量勺，包括1/4小勺、1/2小勺、1小勺和1大勺，注意1小勺等于5毫升，1大勺等于15毫升。不锈钢量勺比塑料量勺更为经用，后者容易残留食物味道。取量干性原料如盐和泡打粉时，注意使量勺保持水平，取量湿性原料如香草精和酒时，注意使液体与量勺边缘齐平。

12 搅拌碗

不锈钢碗有很好的导热性能，因此在需要将碗置于热水或冰水的食谱中非常有用，不锈钢碗易清洗干净，经久耐用，我经常使用23厘米和27厘米的碗。

13 椭圆蛋糕模、带凹槽挞模和圆形挞模

小蛋糕模和小挞模在做小糕点时有用，在厨具用品店中可以买到各种形状的小挞模。

14 裱花嘴

14a. 花形裱花嘴：用来制作各种花形，根据所需花形及尺寸选择。

14b. 10厘米和15厘米圆形裱花嘴：用于裱奶油蛋糕装饰中的线条和球形。

14c. 星形和St.Honore形裱花嘴：星形裱花嘴可用来裱出星形、贝壳形或锯齿形线条；St. Honore形是一种特殊的裱花嘴，可用来装饰St.Honore蛋糕，也可用于在任何蛋糕上裱出独特的花形。

15 不粘烘焙垫

烘焙垫隔热、不粘、可循环使用，厚烘焙垫在制作马卡龙时能使之受热均匀，薄烘焙垫与烘焙纸用法相同，制作挞时，在放上重石前的盲烤阶段，将薄烘焙垫放在挞模中，可以保证挞皮平整均匀。

1
7
3
6
2
4
8
5

16 重石

重石可循环使用，用完后也容易清洗干净，盲烤挞皮时，在挞模中放上铝箔或不粘烤盘垫，边角压平，再加上重石，其他种类的重石包括陶瓷重石、干豆或米粒。

17 手动榨汁机

手动榨汁机使得水果榨汁非常容易，将水果对半切开，用榨汁机旋转挤压出水果原汁。

18 厨房电子计时器（未配图）

如果你的烤箱不带定时功能，那么配备一个厨房电子计时器能帮助你完美烘烤蛋糕。

19 电子秤

烘焙中，准确测量非常重要，推荐使用电子秤，我喜欢使用称重范围在小于1克到2千克之间的电子秤。

20 量杯

使用干净并且最好是可放入微波炉的玻璃量杯，这样能用肉眼读出量杯读数且可以加热，手头最好准备250毫升和500毫升量杯各一个。

21 烤盘纸或油纸

烤盘纸用于垫在烤盘或蛋糕模中，隔热、不粘、用完丢弃。油纸比烤盘纸便宜，可用来替代烤盘纸，但是油纸有粘性，我用这些纸垫在工作台上，这样便于工作台的清洁，我也在筛面粉时垫上烤盘纸或油纸，这样能方便将过筛后的面粉倒入碗中。

22 裱花袋

装饰蛋糕必须用到裱花袋，此外，裱花袋还可用于将蛋糕糊装入蛋糕模或将慕斯装入玻璃杯，可使用一次性塑料裱花袋或可重复使用的裱花布袋。

23 标尺

要把蛋糕均分成几层或测量模具尺寸时需要用到标尺，我喜欢使用易于清洗和保持清洁的塑料标尺，40厘米长的尺子足够使用。

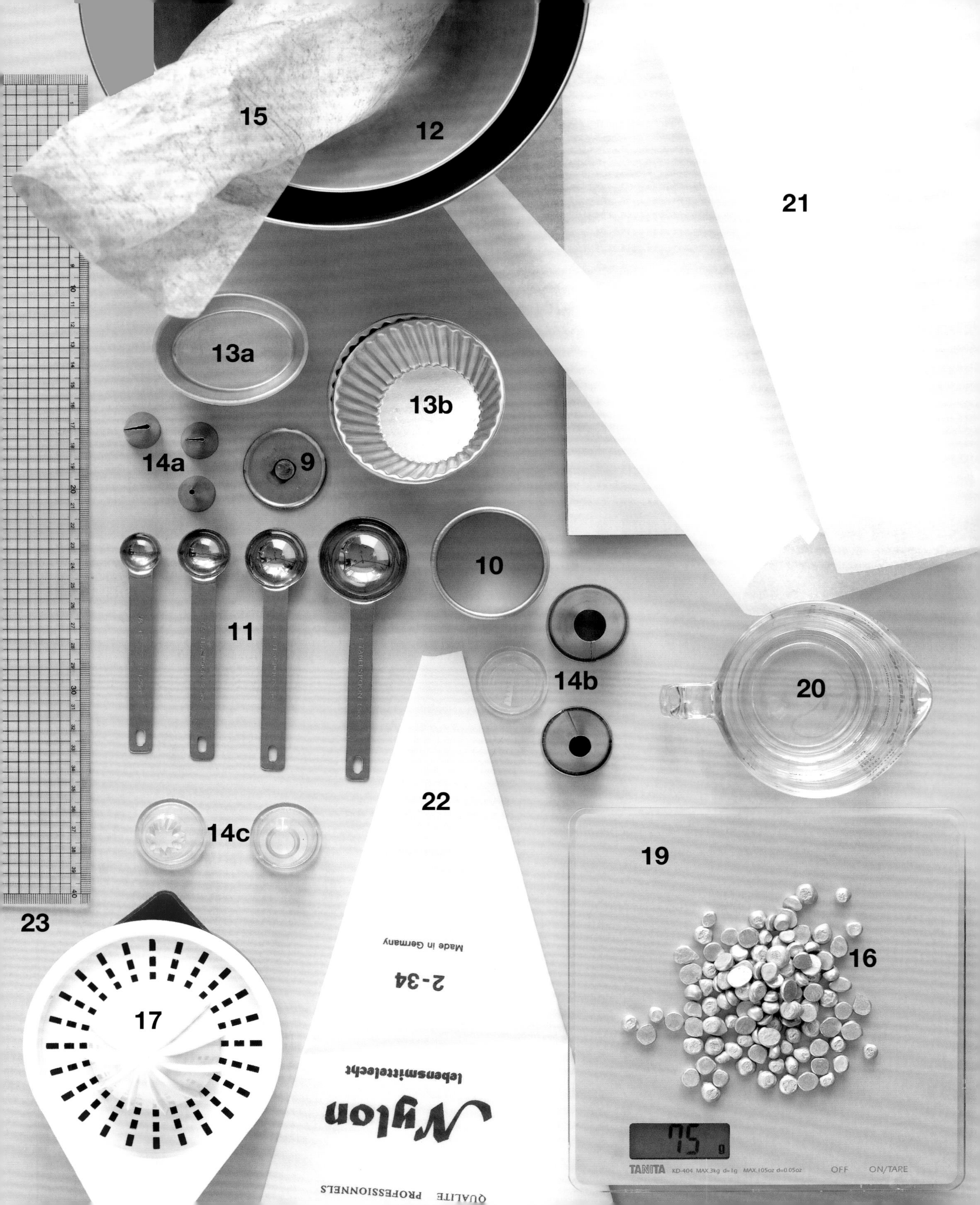
15
12
21
13a
13b
14a
9
11
10
14b
20
22
14c
19
23
16
17
Made in Germany
2-34
lebensmittelecht
Nylon
QUALITE PROFESSIONNELLES
75 g
TANITA
OFF
ON/TARE

24 研磨器

研磨器可用于碾磨去除柠檬、橙子、橘子等水果的皮，碾磨不可太深，因为柑橘类水果的白色皮层部分较为苦涩。研磨器也可用于给较硬的原料，如硬奶酪、巧克力和肉豆蔻等刨丝。

25 斜角抹刀和平口抹刀

斜角抹刀（25a）是一种锋刃带角度的铲刀，平口抹刀（25b）是一种锋刃较长、较灵活的铲刀，这些抹刀用于搅拌和抹平烤盘中的面糊或把奶油平整地涂抹于蛋糕层上，常用尺寸包括26厘米和18厘米的平口抹刀，20厘米和11厘米的斜角抹刀。

26 毛刷

小号毛刷（26a，约2.5厘米宽）用于在小蛋糕盘或小蛋糕模里涂抹黄油。带有自然软毛的中号毛刷（26b，约3厘米宽）可用于为饼干、派和面包面团涂抹蛋液，为海绵蛋糕刷糖浆，为蛋糕涂抹果酱。带有自然毛、有手柄的大号毛刷（26c，约4厘米宽）可用于擀面团后刷去多余面粉。

27 带孔木质抹刀

煮卡仕达酱和果酱等液体时，推荐使用带孔木质抹刀，中间的孔能使搅拌更加方便。

28 擀面杖

选择稍有点分量的木质擀面杖更容易擀平面团，没有手柄的擀面杖容易控制，我喜欢使用长45厘米、直径3.5厘米的擀面杖。

29 刮刀

普通刮刀是大厨必不可少的工具，可用来清洁粘有面粉的案板、压平面团、抹平蛋糕模里的海绵蛋糕混合物、舀冰淇淋等，硬塑料刮刀比较好用。

30 锯齿刀

长锯齿刀（30a）可用于海绵蛋糕分层，也可用于面包的分层而不使面包因为挤压失去形状，短锯齿刀（30b）可用于切割水果、挞和蛋糕。

31 硅胶抹刀

硅胶抹刀有隔热性，可用于搅拌蛋糕混合物和热炒原料，硅胶抹刀坚固耐用、易于清洗，我喜欢使用一体化硅胶抹刀，不带有木柄或塑料柄。

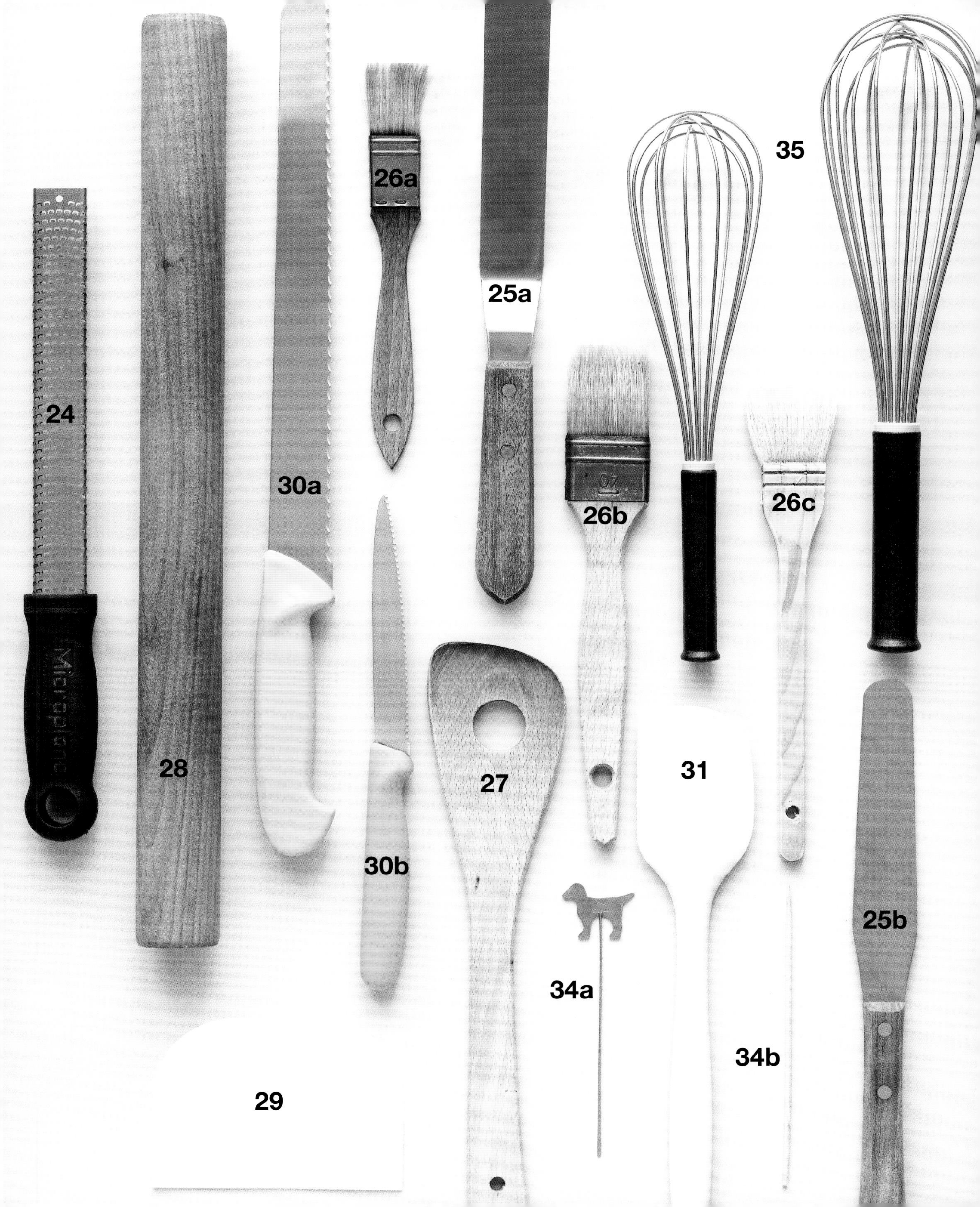

24
28
30a
26a
25a
35
26b
26c
27
31
30b
25b
34a
34b
29
Microplane

32

裱花台

用奶油抹平蛋糕和裱花装饰蛋糕时需要使用裱花台，简单的小型塑料裱花台足够日常使用。

33

平底锅

煮奶油卡仕达酱、糖浆和果酱时都需要用到深平底锅，搅拌和混合原料需要至少9厘米深的平底锅。

34

蛋糕测试棒或竹签

测试蛋糕烘焙时间是否充足需要将蛋糕测试棒（34a）或竹签（34b）插入蛋糕中部，取出后若无粘黏物说明蛋糕已烤好。

35

打蛋器

手动不锈钢打蛋器以钢条密且硬为佳，我喜欢使用27厘米和35厘米长的打蛋器。

36

网筛

网筛用于过滤液体和过筛面粉，我使用直径16厘米的网筛（36a）来过滤液体混合物和过筛面粉，用小网筛（36b）来给蛋糕、糕点和其他甜点撒上糖粉或可可粉。

37

隔热架

隔热架能使空气流通，用于蛋糕烤好后的冷却，最有用的是长方形隔热架（28厘米×43厘米）和圆形隔热架（直径30厘米）。

32
33
36b
36a
37

38 喷灯

喷灯用于使冷冻的蛋糕脱模，也能用于使烤布蕾上的意式打发物和糖产生焦糖。

39 电动打蛋器和手持电动打蛋器

没有电动打蛋器，烘焙将无法想象，电动打蛋器分为两种，座式（39a）和手持式（39b），手持电动打蛋器价格较为低廉，有两根搅拌棒，可用于搅打混合物，手持电动打蛋器的功率小于座式打蛋器，打发时需要较长时间，因此建议配备两种电动打蛋器。

39b
39a
38

基本原料

鸡蛋

蛋白粉

手头应常备蛋白粉，打蛋时加入少量蛋白粉有助于蛋白的打发，蛋白粉加入蛋白前需要先和糖混合，否则容易结块不易融化，蛋白粉在制作马卡龙时也很有用。

鸡蛋

我的食谱中使用的鸡蛋大约60克一个，其中蛋白大约35克，蛋黄15到20克，烘焙时尽可能使用最新鲜的鸡蛋。鸡蛋需要保持室温，因此烘焙前确保鸡蛋从冰箱中取出至少30分钟。将蛋黄从蛋清中分离出来时，最好手工操作，不要用打碎的鸡蛋壳帮忙，因为尖尖的蛋壳容易戳坏蛋黄。蛋白可以在冰柜中冷冻保存一个月。

调味料和原料

各类干果

这些自然美味的原料在烘焙中非常有用，我最喜欢的干果有加州杏干、土耳其无花果干、蔓越莓干、葡萄干和无核西梅干。

糖渍水果

糖渍水果如柑橘和樱桃等能给烘焙产品增添特殊风味，买糖水橘子时，注意选择软的不苦的。红色和绿色的糖水樱桃在圣诞蛋糕和饼干装饰中非常漂亮。

栗子

本书食谱中用到新鲜栗子、栗子酱和熟栗子仁，新鲜栗子有季节性，因此可以用罐装熟栗子仁代替，法国罐装栗子酱则全年有售，装饰蛋糕时是很好的奶油替代品。

巧克力

巧克力品种极其繁多，选择合适的巧克力用于烘焙有一定难度，我喜欢使用黑巧克力、白巧克力和法国可可粉。黑巧克力生产时加入可可脂和糖，不加牛奶，欧洲标准中，黑巧克力的可可粉含量不得低于35%。白巧克力用糖、奶粉和可可脂制成，不含可可块。可可粉是可可豆中不含脂肪的部分碾磨成粉，不加糖，在烘焙中非常有用。巧克力应储存在干燥、寒冷、阴暗处，白巧克力比黑巧克力容易坏，因此不宜保存太长时间。

水果泥

我经常在蛋糕中使用各种口味的果泥，有些冷冻果泥含糖，使用前注意阅读标签说明以选择合适口味。果泥包装大小不一，我经常使用经济实用1公斤装的果泥，将之分成100克小份装进小保鲜袋密封冷冻保存，烘焙时提前准备好果泥，将所需分量融化。

抹茶粉

抹茶粉是将茶叶烘干碾磨制成，茶叶以前仅仅用于泡茶，现在在烘焙中非常常用，置于冰柜冷藏可延长保质期。

日本南瓜

日本南瓜比西方品种的南瓜小，皮呈浅绿色，肉呈橘黄色，口味绵实带甜，很适于烘焙。

日本红豆

日本红豆富含蛋白质和纤维素，红豆在日本菜中是一种非常有营养的食物，可用于开胃菜和甜味菜中，但更常用于制作一些受日式影响的西式甜点。

日本红薯

日本红薯表皮呈红紫色，肉呈浅黄色，甜度在制作蛋糕和糕点时非常合适。

酒

加入酒能丰富蛋糕口味，我比较喜欢樱桃甜酒、橙子甜酒、咖啡酒、白兰地和朗姆酒，我使用的酒多为平常饮用酒而非糕点制作专用酒。

水果馅

水果馅指那些由干果、糖渍水果、糖、香料和朗姆酒制成的混合物，可用来制作派和挞，现成的水果馅在专业超市中有售。

香草调味品

香草豆荚是仅次于藏红花的价格昂贵的香料，因其香气馥郁，应用面特别广泛，马达加斯加出产的高质量的香草精通常被叫作“波旁香草”，香草精和香草酱的价格更为低廉，但如果可以，尽可能使用“波旁香草”。香草豆荚可以冷冻，储存方便。

粮食和面粉制品

角豆粉

来源于生长在地中海东部地区的角豆树。尽管味道有较大差异，但角豆粉有时用来替代巧克力和可可粉，角豆粉富含钙质、纤维素和铁质，卡路里含量低，是一种健康的替代品。

玉米粉

粗磨全麦玉米粉可以用来制作麦芬蛋糕和宠物狗饼干。

燕麦粉

燕麦粉是全麦燕麦片磨成的粉，富含纤维素、维生素和矿物质，有助于降低胆固醇，可改善烘焙产品的质地及增添风味。

面粉

面粉种类繁多，不同国家名称不同，面粉由小麦芯制成，小麦有两种：软质小麦和硬质小麦，软麦的蛋白质含量低于硬麦，因此软麦制成的面粉蛋白质含量低于硬麦制成的面粉。面粉根据蛋白质含量分类，当面粉中的蛋白质与水混合时，会形成面筋，面筋使得面团有弹性，不同的面粉能烘焙出不同风味的产品。

蛋糕粉：一种低筋面粉，软质小麦制成，蛋白质含量为6%～8%，适于制作海绵蛋糕、戚风蛋糕和瑞士卷蛋糕。

点心粉：与蛋糕粉类似，也叫作饼干粉，蛋白质含量略高，约为8%～10%，适于制作软蛋糕如海绵蛋糕、戚风蛋糕、黄油蛋糕和软饼干。在法国，蛋白质含量低于9%的面粉称为45号面粉。

普通面粉：中筋面粉，蛋白质含量为9%～11%，适于制作泡芙、饼干、黄油蛋糕和杯子蛋糕，也可用于烹饪，在法国，蛋白质含量为9%～11%的面粉称为55号面粉。

面包粉：高筋面粉，蛋白质含量为12%～14%，烘焙产品易于成形，适于制作面包。

全麦粉：全麦制成，富含纤维素、维生素和矿物质，适于制作健康低卡路里的面包、蛋糕和点心。

坚果类制品

杏仁

杏仁是一种全能坚果，用途广泛，烘焙中常用的有西班牙杏仁和加州杏仁，杏仁有不同形状，如整粒大杏仁、杏仁片、杏仁条、杏仁碎和杏仁粉。杏仁最好放入冰箱以保证新鲜度。

黑白芝麻

芝麻烤熟后风味醇厚，烘焙中会用到芝麻和芝麻粉，芝麻油脂含量较高，需放冰箱延长储存时间。

核桃

带壳核桃在很多食谱中都要用到，加州核桃和中国核桃较为常见，我喜欢使用前者，因为后者略带苦味，使用前将核桃略加烘烤可使其口感更好，核桃需要保存在干燥处，因其比较容易氧化，最好置于冰箱。

油类制品

菜籽油和红花籽油

烘焙中菜籽油和红花籽油是橄榄油的很好的替代品，橄榄油有较浓的气味，而菜籽油和红花籽油基本无味，因此适合制作如戚风蛋糕之类的轻蛋糕，它们也含有油酸，有助于降低胆固醇。

橄榄油

分为两种，特级初榨橄榄油和普通橄榄油，前者香味更加馥郁，富含油酸和维生素E，维生素E是一种可延缓衰老的抗氧化剂，橄榄油可替代含饱和脂肪的其他油类，是一种健康的替代品，与巧克力搭配很好。

无盐黄油

烘焙中最好使用无盐黄油以便控制蛋糕中的含盐量，黄油需置于室温且不融化， 因其比较容易吸味，所以最好密闭保存，黄油保存时间相对较长。

大豆和奶制品

奶油奶酪

通常用来制作乳酪蛋糕，比起美国奶酪，我更喜欢使用法国奶酪，因为后者含盐量低，质地更柔软。

鲜奶油

有不同种类，也有不同名称，可根据包装标签上的脂肪含量来选择合适的奶油，我在不同的食谱中经常使用35%脂肪含量的法国鲜奶油和45%脂肪含量的澳洲浓缩厚奶油。

牛奶

烘焙中我使用全脂鲜奶，因为它比低脂牛奶和高温灭菌奶味道更浓且更新鲜，可根据饮食要求和偏好用其他牛奶代替。

马斯卡彭芝士

一种很常见的意大利奶酪，含80%脂肪，不会过于酸或者咸，是制作提拉米苏的必需品。

豆腐、大豆粉和豆奶

豆腐由大豆制成，富含纤维植物蛋白质，低脂，利于健康，有两种豆腐可以选择，绢豆腐和老豆腐。烘焙前建议沥干豆腐水分，以免过多水分影响蛋糕成品。

大豆粉

气味芳香浓郁，常用于很多日式甜点。

豆奶

将大豆泡于水中并与水一起碾磨成豆奶，与牛奶蛋白质含量相当，富含B族维生素和维生素E，不含胆固醇，对素食主义者来说是牛奶很好的替代品。

淀粉和膨松剂

琼脂

从太平洋和印度洋海域的一种海藻类植物中提取的天然多糖体明胶物质，室温存放，无须冷藏，市售琼脂一般已经过冷冻干燥处理，有两种形态：长条状和粉状。琼脂无香无味，不含卡路里，是一种制作健康蛋糕和甜点的硬化剂。

泡打粉

一种经常用于烘焙的干性化学膨大剂，最常见的是双效泡打粉，包含两种酸性盐，分别在室温下和高温下起作用，过多添加双效泡打粉会产生苦味，但无铝泡打粉则不会。

玉米粉和土豆粉

很多食谱中可用作稠化剂，可以与面粉一起使用使蛋糕口感更加松软，玉米粉也叫作玉米淀粉。

鱼胶

有两种形态，粉状和片状，我喜欢使用鱼胶片因为它更容易控制，鱼胶是从动物皮和骨中提取的胶原蛋白质，遇热融化，冷却后形成凝胶。有些水果，如菠萝和猕猴桃包含一种能分解蛋白质的酶，会使鱼胶失去凝胶作用。我一般使用包装上标明含2％～3％水分的鱼胶。

甜味剂

龙舌兰糖浆

一种墨西哥产糖浆，浅棕色，比蜂蜜稠，甜度高于蜜和糖，烘焙中可用来代替糖，对有饮食控制人群和糖尿病人群是一种很好的代糖产品。

蔗糖

从温带地区生长的甘蔗中提取的糖，可作为另一种有饮食限制的人群的代糖产品。

糙米糖浆

味道比较温和，甜度略低，是健康的代糖产品，在使用长寿饮食法的人群中很常用。

细砂糖

烘焙中的必备品，甘蔗中提取，比一般白糖更细，搅拌时更易融化。

葡萄糖浆

较黏稠，色泽清晰，在很多烘焙食谱中使用以使蛋糕保持水分，也能控制糖结晶的形成，淡玉米糖浆和金蔗糖浆可代替葡萄糖浆。

蜂蜜

另一种代糖产品，能使蛋糕保持水分，有弹性，蜂蜜的味道和颜色是根据其花蜜来源不同而各异，槐花蜜、紫云英蜜、柳橙蜂蜜和薰衣草蜜都可用于烘焙。

糖粉

是一种碾磨成细粉末状的糖，为防止受潮结块，通常含有1％～2%的玉米粉，但玉米粉会影响一些如果冻之类的冷的甜点的外观和味道，因此如果需要使用纯糖粉，可以过筛后使用。

黄糖和红糖

如果要往蛋糕中增添色彩或风味，可以使用黄糖和红糖，红糖也从甘蔗中提取，但较之细砂糖有更多矿物质，且含有纯糖蜜。

枫糖浆

由糖枫树中的树汁提取而成，主要产地是加拿大，色泽金黄，风味独特，在制作杯子蛋糕、华夫饼和法式吐司时，枫糖浆是首选，也可用于其他各类烘焙产品。

基础食谱

瑞士海绵蛋糕卷

（参考分量：28厘米×28厘米方形蛋糕1个）

配料：

鸡蛋3个

细砂糖60克

低筋粉50克（两次过筛）

制作过程：

1.烤箱预热至200℃，准备一个28厘米×28厘米的正方形蛋糕烘焙纸模。

2.取一干净碗，用打蛋器搅蛋，加糖后，把打蛋碗坐在热水里，将蛋和糖搅拌均匀。

3.蛋糖混合物温热时，用电动打蛋器高速打发至轻盈蓬松状态，再将打蛋器调至低速继续搅打一分钟左右；将过筛后的面粉倒入蛋糊，轻轻用抹刀翻拌。

4.将翻拌均匀后的面糊倒入纸模，用刮刀抹平，将纸模放到烤盘中，入预热好的烤箱烘烤10到13分钟。

5.烤好后脱模，放入塑料袋中冷却。

备注：这款简单的瑞士海绵蛋糕卷的做法还可用于制作抹茶提拉米苏（84页）、豆腐芝士蛋糕（90页）、香蕉焦糖瑞士卷（106页）、法式草莓蛋糕（110页）、栗子蛋糕（114页）、生日蛋糕（116页）和菠萝酸奶芝士蛋糕（138页）。

小贴士：

1.海绵蛋糕为液态时，用200℃左右高温烘烤，变成固态后用160℃或170℃的稍低温烘烤。在烘烤过程中温度需要进行手动调整。如果烤箱无热风功能，还需要在海绵蛋糕变成固态后在蛋糕表面划几道小缝，否则蛋糕容易被烤焦，小缝能让蛋糕内部的水分蒸发并让蛋糕中部得到烘烤。

2.把蛋糖混合物坐在热水中搅打会使空气更容易裹入，使打发过程更容易。

3.降低打蛋器的搅打速度会使蛋液状态稳定，加入面粉时不容易消泡。

4.加入面粉时注意保持碗的倾斜，翻拌时从碗的中部和底部往上进行，直到面粉与蛋糊混合均匀光滑，但注意不能过度搅拌。

5.将海绵蛋糕纸模放入烤盘烘烤，能防止蛋糕底部被迅速烤焦。

6.在塑料袋里冷却海绵蛋糕，有助于保持蛋糕水分。

舒芙蕾海绵蛋糕卷

（参考分量：28厘米×28厘米方形蛋糕1个）

配料：

鸡蛋1个

蛋黄3个

香草精1小勺

无盐黄油35克

低筋粉60克（两次过筛）

全脂牛奶60克

蛋白3个

细砂糖85克

制作过程：

1.烤箱预热至180℃，准备一个28厘米×28厘米的正方形蛋糕烘焙纸模。

2.将鸡蛋、蛋黄和香草精在小碗中混合轻轻搅打拌匀后放置。

3.黄油在小平底锅中小火加热融化，加入面粉，继续小火慢煮，然后将面粉黄油混合物倒入碗中，再分次加入第2步中的鸡蛋混合物，用抹刀搅拌至细腻光滑，再加入牛奶混合均匀，将混合物过滤后放置。

4.蛋白在干净碗中打发至泡沫状态，加入一半分量的糖继续打发几分钟，再加入剩下的糖，打发直到蛋白呈现光滑能拉出尖角的状态。

5.在第3步的混合物中加入三分之一的蛋白打发物，轻轻搅拌，再加入剩下的蛋白混合物，搅拌均匀，移至蛋糕纸模，用刮刀刮平，将纸模放入托盘烘烤20分钟。

6.烘烤完毕后，将蛋糕脱模，放进塑料袋里冷却。

备注：这是另一款瑞士海绵蛋糕卷，制作过程稍复杂，但质地更加轻盈、蓬松，有弹性，这款蛋糕的做法还可用于制作抹茶舒芙蕾海绵蛋糕卷（74页）、抹茶提拉米苏（84页）、豆腐芝士蛋糕（90页）、香蕉焦糖瑞士卷（106页）、法式草莓蛋糕（110页）、栗子蛋糕（114页）、生日蛋糕（116页）和菠萝酸奶芝士蛋糕（138页）。

小贴士：

1.这款舒芙蕾海绵蛋糕卷比普通的瑞士蛋糕卷稍厚些，且含有更多水分，因此需要中火烘焙。

2.面粉中的筋使得蛋糕具有较硬的质地，将面粉和黄油同煮可以减少面粉中的面筋含量，使蛋糕更加轻盈、蓬松、有弹性。

3.打发能使蛋糕不塌陷，打发好的状态必须是浓稠稳定的。

海绵蛋糕

（参考分量：直径18厘米圆形蛋糕1个）

配料：

低筋粉115克

鸡蛋170克

细砂糖130克

葡萄糖15克

无盐黄油30克（软化）

全脂牛奶45克

香草精1小勺

制作过程：

1.烤箱预热至170℃，18厘米活底蛋糕模铺上烤盘纸，面粉过筛两次。

2.取一个干净碗，用打蛋器搅打鸡蛋，加入糖和葡萄糖，将碗隔沸水边加热边混合均匀。

3.鸡蛋混合物温热后，高速搅打至轻盈蓬松状态，再低速搅打一分钟，加入面粉后用抹刀轻轻搅拌。

4.黄油、牛奶和香草精在碗中隔水加热，黄油融化后，继续搅拌混合。

5.将六分之一的鸡蛋混合物加入黄油混合物，混合均匀，再倒入剩下的鸡蛋混合物，搅拌均匀。

6.将混合物倒入蛋糕模，烘烤40分钟。

7.烘烤完毕后，将蛋糕脱模，置于隔热架上，放进塑料袋冷却。

备注：这款海绵蛋糕较厚实，含水分较多，还可用于制作日式草莓蛋糕（108页）。

小贴士：

1.海绵蛋糕为液态时，用200℃左右高温烘烤，变成固态后用160℃或170℃的稍低温烘烤。在烘烤过程中温度需要进行手动调整。如果烤箱无热风功能，还需要在海绵蛋糕变成固态后在蛋糕表面划几道小缝，否则蛋糕容易被烤焦，小缝能让蛋糕内部的水分蒸发并让蛋糕中部得到烘烤。

2.在将糖和鸡蛋或者蛋黄混合后，需要立即搅打，否则蛋黄将糖颗粒盖住后，糖就无法融化。葡萄糖的加入能保持蛋糕的水分。鸡蛋混合物温热打发能使更多空气进入，打发更加容易。

3.降低打蛋器的打发速度能使鸡蛋混合物产生丰富细腻的泡沫，这样加入面粉后不易消泡。为了测试打发状态是否到位，可以用抹刀或打蛋器舀起一小勺，蛋糊能拉出一个清晰的纹路不会消失（如38页中图所示）。

4.加入面粉翻拌时，保持碗的倾斜并从中底部翻拌直到细腻光滑，注意不要过度翻拌。

5.在塑料袋里冷却海绵蛋糕，有助于保持蛋糕水分。

饼干海绵蛋糕

（参考分量：20小块）

配料：

鸡蛋2个

细砂糖60克

低筋粉60克

香草豆荚1/2根（将豆荚从中间劈开，取其中的豆子，或者用1小勺香草精或香草酱）

制作过程：

1. 烤盘铺上烤盘纸，烤箱预热至200℃。
2. 面粉过筛两次。将蛋白和蛋黄分离，轻轻搅打蛋黄，加入一半分量的糖和所有的香草物，用打蛋器搅打直到色泽变淡黄，质地浓稠。
3. 蛋白放到干净的碗里打发至泡沫状态，加入剩下的糖继续打发到蛋白光滑能拉出尖角的状态。
4. 将三分之一的蛋白打发物加到第二步的蛋黄混合物中，加入过筛后的面粉，搅拌均匀，再加入剩下的蛋白打发物，混合均匀。
5. 将混合物倒入裱花袋，使用1厘米的圆形裱花嘴，在烤盘中裱出7厘米左右长度的手指状面团，中间留有一定空隙，撒上较多的糖粉，烘烤7到10分钟。

备注：饼干海绵蛋糕是一种基本的鸡蛋海绵蛋糕，做成手指状，因此烘烤后的饼干海绵蛋糕也被称做手指饼。饼干海绵蛋糕的纹理比一般的海绵蛋糕（38页）粗糙些，更易吸收水分，因此经常用于像慕斯和果冻之类的甜点中。此款饼干海绵蛋糕可用于抹茶提拉米苏（84页）、法式草莓蛋糕（110页）和菠萝酸奶芝士蛋糕（138页）。

小贴士：

1.烘烤像饼干海绵蛋糕这样的小蛋糕时，需要用高火，如果低温烘烤，则需要更长时间，这样海绵饼干容易干瘪；在烘烤手指饼干时，我使用带有上下火功能的烤箱来确保烘烤的均衡，另一种保持烘烤均衡的方法是烘烤到半程时调整烤盘方向。

2.为了把手指海绵饼干的形状裱得齐整，混合物必须呈现紧致稳定不流动的状态，因此蛋黄和蛋白的搅打必须到位。

3.先将三分之一蛋白打发物加到蛋黄混合物中的步骤是必需的，因为打发物和蛋黄混合物比重不同，不易混合，先加三分之一可以弥补这种不同。面粉搅拌至产生面筋，可以增加海绵蛋糕的弹性。

4.手指海绵饼干撒上糖粉能保持松脆，防止烤成深棕色。撒上糖粉后必须立刻进行烘烤以免糖粉融化后蛋糕容易被烤焦。

特制海绵蛋糕

（参考分量：28厘米×28厘米的方形蛋糕1个）

配料：

低筋粉40克

玉米淀粉20克

无盐黄油35克（软化）

蛋白90克

细砂糖80克

蛋黄80克

制作过程：

1.烤箱预热至200℃，准备一个28厘米×28厘米的正方形蛋糕烘焙纸模。

2.面粉过筛两次。黄油隔水加热融化成液态，或者放入微波炉加热至液态。

3.蛋白放到干净的碗里打发至泡沫状态，加入四分之一糖继续搅打，再加入剩下的糖，将蛋白打发至光滑能拉出尖角的状态，然后加入蛋黄，混合均匀。

4.将过筛后的面粉和玉米淀粉放到碗中用抹刀搅拌，加入融化后的黄油，搅拌均匀。

5.将混合物倒入蛋糕模，用刮刀抹平，把蛋糕模放到烤盘烘烤10到13分钟。

6.烘烤完毕后，将蛋糕脱模，放进塑料袋冷却。

备注：这款海绵蛋糕可用于制作豆腐芝士蛋糕（90页）、法式草莓蛋糕（110页）和菠萝酸奶芝士蛋糕（138页）。

小贴士：

1.海绵蛋糕为液态时，用200℃左右高温烘烤，变成固态后用160℃或170℃的稍低温烘烤。在烘烤过程中温度需要进行手动调整。如果烤箱无热风功能，还需要在海绵蛋糕变成固态后在蛋糕表面划几道小缝，否则蛋糕容易被烤焦，小缝能让蛋糕内部的水分蒸发并让蛋糕中部得到烘烤。

2.蛋白打发时，不要一开始就加入糖，打发较长时间后蛋白才会变得浓稠，蛋白打发到裹入一定空气后再加入糖，如果糖较多，则分次少量加入。加入蛋黄时，不要过度搅拌，因为蛋黄中的脂肪成分会破坏打发产生的发泡状态。

3.面粉加入翻拌时，碗不停旋转并从中底部翻拌直到细腻光滑。

4.将蛋糕纸模放入烤盘烘烤，能防止蛋糕底部被迅速烤焦。

5.在塑料袋里冷却海绵蛋糕，有助于保持蛋糕水分。

香草戚风蛋糕

（参考分量：直径20厘米蛋糕1个）

配料：

低筋粉80克

蛋黄5个

细砂糖20克

水60克

菜籽油60克

香草豆荚1个（将豆荚从中间劈开，取其中的豆子，或者用1小勺香草精或香草酱）

配料（蛋白混合物）：

细砂糖20克

玉米淀粉10克

蛋白5个或180克

制作过程：

1.烤箱预热至160℃，面粉过筛两次。

2.将蛋黄和糖在碗中搅打均匀，加水，菜籽油，香草物混合均匀，再加入面粉，混合至粘性状态。

3.制作蛋白混合物。将糖和玉米淀粉混合均匀。打发蛋白至泡沫状态，加入一半的糖和玉米淀粉的混合物，继续搅打几分钟，再加入剩下的混合物，打发至光滑能拉出尖角的状态。

4.把三分之一蛋白混合物加入到第二步的蛋黄混合物中，轻轻搅拌，再加入剩下的蛋白混合物，搅拌至完全混合均匀。

5.将混合物倒入戚风蛋糕模，蛋糕模不用抹油，烘烤40到50分钟。

6.烘烤完毕后，从烤箱中取出，将蛋糕倒置冷却。

7.蛋糕完全冷却后，小心用小刀或抹刀脱模，放到隔热架上。

备注：其他的戚风蛋糕食谱可参考抹茶戚风蛋糕（78页）、黑芝麻戚风蛋糕（80页）和大豆戚风蛋糕（82页）。

小贴士：

1.烘烤固态蛋糕如戚风蛋糕时用160℃或170℃的稍低温烘烤。在烘烤过程中烤盘需要手动调整以保证烘烤均匀。如果烤箱无热风功能，需要在烘烤固态蛋糕时在蛋糕表面划几道小缝，否则蛋糕容易被烤焦，小缝能让蛋糕内部的水分蒸发并让蛋糕中部得到烘烤。

2.油、水、蛋黄和面粉必须混合均匀以使蛋糕产生面筋结构，保证蛋糕的弹性。

3.蛋白打发时，不要一开始就加入糖，打发较长时间后蛋白才会变得浓稠，蛋白打发到裹入一定空气后再加入糖，如果糖较多，则分次少量加入。加入蛋黄时，不要过度搅拌，因为蛋黄中的脂肪成分会破坏打发产生的发泡状态。

4.先将三分之一蛋白打发物加到蛋黄混合物中的步骤是必需的，因为打发物和蛋黄混合物比重不同，不易混合，先加三分之一可以弥补这种不同。

5.戚风蛋糕的蛋糕模不需要抹油，抹油的蛋糕模会阻止蛋糕爬升长高。

6.烘烤后的戚风蛋糕必须倒置，因为蛋糕质地轻盈，不倒置会使蛋糕顶部塌陷。

7.戚风蛋糕脱模时，可沿着蛋糕模的边缘插入抹刀，然后将蛋糕模沿着抹刀旋转，这样能防止抹刀破坏柔润的蛋糕。

法式choux泡芙

（参考分量：15个）

配料：

低筋粉75克

水75克

全脂牛奶50克

无盐黄油50克（切成小块）

糖1小撮

盐1小撮

鸡蛋2到3个（室温，轻轻搅打）

制作过程：

1.烤箱预热至200℃，烤盘垫上烤盘纸，面粉过筛两次。

2.将水、牛奶、黄油、糖和盐在小平底锅中混合，中火加热至沸腾后立刻从火上移走。

3.加入面粉，用一木勺快速搅动，混合成一个面团，再放到火上加热，一边迅速搅动，直到混合物在锅底形成薄薄一层。

4.把混合物倒入一干净碗中，鸡蛋一个个分开加入，每加一个就用木勺搅拌至鸡蛋完全混合到面糊中再加下一个（也可用电动打蛋器搅拌）。

5.用木勺舀起混合物，此时混合物应在木勺上挂住并形成光滑的倒三角形（如上图3所示），如果还不能达到这种状态，那么需要再多加鸡蛋。

6.将混合物倒入裱花袋，用1厘米的裱花嘴，在烤盘上裱出约5厘米的小圆球，用潮湿的手指轻轻抹平尖角。

7.用200℃烘烤约20分钟，然后降低温度至180℃，继续烘烤20分钟左右。

备注：choux在法文中意为“甘蓝菜”，这款泡芙用此名就是因为其形似甘蓝菜。法式泡芙的面团需要大量水分和黏稠度来形成中空，面团的黏稠是因为面粉中含有淀粉，且需要高温烘烤，这款泡芙的做法也可用于日式奶油泡芙（64页）。

小贴士：

1.法式泡芙需要高温烘烤以让面团膨胀，所以第一次需要高温烘烤20到25分钟，让泡芙膨胀到最高，然后调低烤箱温度再烘烤20分钟使泡芙水分烤干。

2.为了确保泡芙面团膨胀，面团必须较硬、有弹性并且黏稠，必须有充足的水分和温度，所以牛奶和水的混合物在加入面粉前要加热至沸腾。

3.在面团有一定温度时，就分次加入鸡蛋，否则面团变冷，泡芙就无法膨胀。

4.面团必须黏稠不流动。

酥挞皮

（参考分量：20厘米或22厘米酥挞皮1份）

配料：

冷藏无盐黄油60克（切成小块）

低筋粉100克

细砂糖1/4小勺

盐1/8小勺

冰水50克

制作过程：

1. 将小块黄油和面粉装进塑料袋，置于冰箱冷冻过夜。
2. 用食品料理机将黄油面粉混合物、糖、盐搅拌，成粗糙面包屑状态，加入水，混合成一个光滑面团。
3. 面团放案板上轻轻揉捏，可在案板上撒些面粉防粘，将揉好的面团置于冰箱冷藏过夜。
4. 将面团擀成约5毫米厚的面皮，刷掉多余面粉，将面皮置于20厘米或22厘米的活底派盘中，用擀面杖在派盘上滚过，刮去多余的面片，用叉子在面团上戳些小孔，在冰箱中静置5分钟后再烘焙。
5. 烤箱预热至200℃。
6. 在冷藏好的面团上盖一层铝箔（不要盖住面团边缘），将铝箔按压至派盘底部，放上重石烘烤20分钟。此时酥皮边缘的颜色开始发生变化，小心移走重石和铝箔，然后再继续烘烤10分钟直到酥皮烤成金黄色。
7. 如果派需要填充馅料继续烘烤，则继续将铝箔盖上、重石放上，烘烤10分钟，然后再继续根据食谱中的说明烘烤。
8. 从烤箱中取出，放在隔热架上冷却。

备注：这款酥挞皮用了油搓粉法制作，即将黄油和面粉揉搓成面包屑状态的混合物。此款食谱中必须使用冷藏黄油，因为黄油如果软化会导致酥皮口感不酥脆。这款食谱也可用于制作水果挞（122页）和苹果果酱小挞（126页）。

小贴士：

1.因为不能使黄油软化，所以制作过程中必须使所有原料保持冷藏温度。建议第一次制作酥皮时使用食品料理机来混合原料，否则会比较难控制合适的温度。面团必须在冰箱中冷藏放置，如果揉完面团后立刻操作，则面团中包含的面筋很容易使面团萎缩。

2.如果面团过软，可在擀面团前再放入冰箱，案板上撒上面粉可以防粘。

甜酥挞皮

（参考分量：20厘米或22厘米挞皮1份）

配料：

冷藏无盐黄油70克（切成小块）

糖粉35克

盐1小撮

香草精1小勺

鸡蛋20克

杏仁粉20克

低筋粉130克（过筛）

制作过程：

1. 将黄油、糖粉、盐和香草精用电动打蛋器混合。
2. 加入鸡蛋，混合均匀；再加入杏仁粉，混合均匀，加入面粉，充分搅拌，用刮刀将混合物搅拌至光滑面团，用保鲜膜包住面团放入冰箱冷藏至少3小时。
3. 将面团从保鲜膜中取出，置于不粘烘焙垫上，再将保鲜膜盖在面团上，用擀面杖擀成厚度约3到5毫米，将面团连保鲜膜一起置于20厘米或22厘米的活底派盘中，轻轻压平，注意不要拉升面团，再将保鲜膜拿走。
4. 用擀面杖在派盘上滚过，刮去多余的面片，用叉子在面团上戳些小孔，在冰箱中静置松弛5分钟后再烘焙。
5. 烤箱预热至180℃。
6. 在冷藏好的面团上盖一层铝箔（不要盖住面团边缘），将铝箔按压至派盘底部，放上重石烘烤20分钟，此时酥皮边缘的颜色开始发生变化，小心移走重石和铝箔，然后再继续烘烤10分钟直到酥皮烤成金黄色。

小贴士：

1.黄油必须置于室温，但是不能融化，否则成品会比较坚硬。

2.不要过分打发有鸡蛋的黄油，过分打发会使太多空气裹入，导致挞皮易碎。

3.擀面团时必须有保鲜膜覆盖并且置于不粘烤盘垫上，因为面团容易迅速变软，如果在有面粉的案板上擀，柔软的面团容易粘上多余面粉而变硬。如果面团太软不容易擀，可以将面团放入冰箱冷冻一段时间再擀。

4.松弛面团能使面筋舒展，烘焙时不萎缩。

备注：这款甜酥挞皮常用于制作挞或糖饼，做糖饼时用饼干模具切割成需要的形状，这款食谱也可用于制作红薯挞（98页）、南瓜挞（100页）、松仁挞（120页）和焦糖坚果小挞（124页）。

磅蛋糕

（参考分量：19厘米×9厘米×8厘米长方体蛋糕1个）

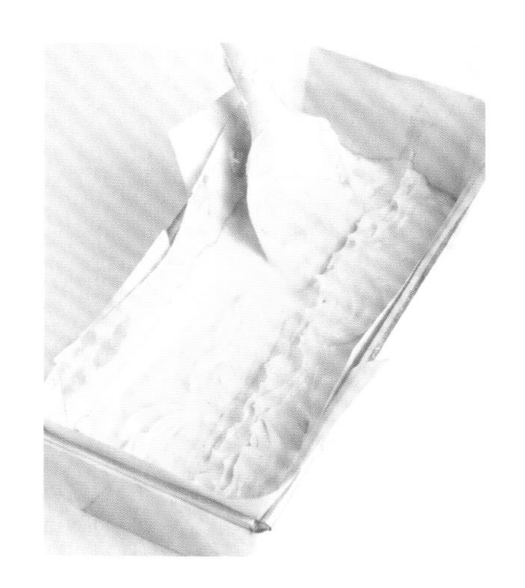

配料：

低筋粉150克

泡打粉$^1/_8$小勺

无盐黄油150克（软化）

糖粉150克

盐$^1/_8$小勺

鸡蛋3个（约150克，轻轻搅打）

柠檬1个（磨碎的皮屑）

制作过程：

1. 烤箱预热至170℃，19厘米×9厘米×8厘米长方体蛋糕模铺上烤盘纸，面粉和泡打粉一起过筛两次。
2. 用打蛋器搅打黄油、糖粉和盐至轻盈、蓬松、颜色变浅的状态，大概需要10分钟，再慢慢加入鸡蛋搅打。
3. 加入面粉和泡打粉的混合物，用抹刀搅拌。混合物应呈现光滑平整状态。
4. 将混合物倒入准备好的蛋糕模中，用刮刀在中间“划开”一刀，进烤箱烘焙50分钟左右。
5. 烘焙完毕，脱模，置于隔热架冷却，用保鲜膜包好储存。

备注：这款制作简单的磅蛋糕很适合烘焙新手，基本原料由同样分量的黄油、糖、面粉和鸡蛋组成，因此在法国被称作“四合蛋糕”，加入柠檬皮是为了调味，也可以用香草代替。

小贴士：

1.磅蛋糕需要中温、较长时间烘烤。

2.黄油必须置于室温但不能融化，如果黄油太软，混合物会因为无法跟空气混合而不够蓬松。推荐使用糖粉而不是砂糖是因为糖粉更容易跟黄油快速融合。

3.鸡蛋必须置于室温不冷藏，能确保与混合物更好融合。

4.在混合物中间“划一刀”会使蛋糕在烘烤时产生裂缝，避免蛋糕顶部烘烤时太快被烤焦，用铝箔覆盖也可以避免被烤焦。

奶油酱

配料：

全脂牛奶200克

香草豆荚$^1/_2$根（将豆荚从中间劈开，取其中的豆子）

蛋黄3个

细砂糖50克

低筋粉20克（过筛）

制作过程：

1.将牛奶、香草豆荚和香草豆放入平底锅煮沸。

2.取一干净碗，将蛋黄和糖混合搅打至淡黄色，加入面粉，混合均匀。

3.将第1步中的热牛奶加入第2步的混合物，搅拌均匀，把香草豆荚从中移除。

4.再将第3步的混合物倒入平底锅，高温煮沸，一边持续搅拌，直至混合物变得光滑，把平底锅从火上移开。

5.将酱移至托盘，盖上保鲜膜放入冰柜冷却，但不要使其冷冻，使用前可用打蛋器轻轻搅打奶油酱至光滑乳状。

6.奶油酱可以在冰箱保存2天。

备注：这款奶油酱可用于很多糕点和甜品中，必须用最新鲜的鸡蛋和牛奶来制作，可用于制作抹茶奶油泡芙和黑芝麻奶油泡芙（64页）、法式草莓蛋糕（110页）和水果挞（122页）。

小贴士：

1.香草豆荚加入热牛奶中可以使其风味得以完全散发。

2.鸡蛋混合物在加入热牛奶前必须完全混合均匀，否则鸡蛋容易迅速煮熟。

3.因为奶油酱包含面粉，因此必须高温煮沸以确保完全煮熟。

4.奶油酱必须迅速冷却以防止细菌产生，因此应立即置于冰柜，并且应一直置于冰箱保存。

卡仕达酱

配料：

全脂牛奶200克

香草豆荚$^1/_2$根（将豆荚从中间劈开，取其中的豆子）

细砂糖50克

蛋黄3个

制作过程：

1. 将牛奶、香草豆荚、香草豆和一半的糖在平底锅中低火加热，不需要像在制作奶油酱时那样煮沸，因为这个食谱中不含面粉。
2. 取一干净碗，将蛋黄和剩下的糖混合搅打，形成薄乳状。
3. 将少许温牛奶加入第2步的混合物，搅拌均匀。
4. 将蛋奶混合物加入到平底锅中剩下的牛奶中，小火煮，持续搅拌至浓稠，移除香草豆荚。

备注：这款卡仕达酱可用于制作抹茶冰激淋和黑芝麻冰激淋（68页）、日式芒果布丁（140页）。

小贴士：

这款卡仕达酱大概在60℃开始凝固，必须加热到80℃。为了测试加热程度是否足够，可用木勺将卡仕达酱舀起一层，用手指在木勺中间划一道，可以看到一条清晰的线，如果没有，就说明卡仕达酱不够稠。但是，也不要过度煮，多煮容易凝固结块，如果不慎结块，可用电动手持搅拌器将结块搅碎。

奶油霜

配料：

无盐黄油400克（室温）

蛋白140克

糖粉140克

橙子利口酒或樱桃利口酒1大勺

制作过程：

1.搅打黄油至淡奶油色。黄油必须在室温下软化但不融化，否则奶油霜会过于软化不能成形。

2.取一干净碗，将蛋白搅打至泡沫状，加入一半糖，继续搅打；当蛋白变浓稠时，加入剩下的糖，继续搅打至蛋白呈现光滑能拉出尖角的状态。

3.将蛋白打发物加到黄油中混合均匀，加入橙子利口酒或樱桃利口酒搅拌均匀。

备注：这款制作简单的奶油霜对烘焙新手和家庭烘焙非常有用，可用于制作香草戚风蛋糕（44页）、抹茶达克瓦兹蛋糕（70页）、咖啡奶油达克瓦兹蛋糕（72页）、抹茶舒芙蕾海绵蛋糕卷（74页）、奥地利咖啡奶油海绵蛋糕（112页）和生日蛋糕（116页）。

小贴士：

确保黄油打发物和蛋白打发物完全混合均匀以避免奶油霜分层。

打发奶油

配料：

鲜奶油（含35%脂肪）200克

白砂糖15克

香草精½小勺

制作过程：

1. 在一干净碗里将原料混合，再将碗放进一个有较多冰块和水的大碗。
2. 用电动打蛋器中速打发奶油，直到能拉出尖角，奶油呈现光滑状态。不要过度打发，否则奶油会产生粒状物并分离成为黄油。

小贴士：

1.打发奶油必须将碗坐在一个装着冰水的大碗中以保持冷的温度，否则奶油会变热凝固。

2.这个食谱用新鲜、单纯的鲜奶油进行打发，而不是那种可长期保存的奶油，这款鲜奶油至少需要具有35%的脂肪含量。

创新食谱
（日式西点）

日式奶油泡芙

（参考分量：约15个）

配料（泡芙面团）：

法式choux泡芙（46页）1份

鲜奶油（35%脂肪含量）150克

细砂糖2小勺

茶叶或黑芝麻2大勺

配料（奶油酱）：

全脂鲜奶400克

蛋黄6个

细砂糖100克

低筋粉20克（过筛）

玉米淀粉20克（过筛）

配料（奶油酱调味料）：

抹茶粉8克，或罐装黑芝麻酱60克

制作过程：

1. 准备一份法式choux泡芙（46页）。烘烤泡芙前，撒上茶叶或黑芝麻。
2. 准备奶油酱（54页）。奶油酱冷却后，用电动打蛋器搅打至光滑乳状。加入抹茶粉或黑芝麻酱搅拌均匀，倒入裱花袋，用1厘米圆形裱花嘴。
3. 制作奶油泡芙。将choux泡芙顶部切去四分之一后，裱入抹茶或黑芝麻奶油酱。
4. 取一搅拌碗，置于装一半冰水的一个大碗中，将鲜奶油和细砂糖在搅拌碗中打发至可拉出尖角的状态。
5. 将打发好的奶油置于裱花袋中，用星形裱花嘴，在抹茶或黑芝麻酱上裱上奶油。
6. 将切下来的泡芙顶部放上，做好的泡芙装入密闭容器，置于冰箱保存。

费南雪蛋糕，两种口味

（参考分量：约16个）

配料（杏仁味）：

低筋粉50克

玉米淀粉5克

泡打粉1/2小勺

蛋白130克

细砂糖130克

杏仁粉50克

香草精1/2小勺

盐一小撮

无盐黄油130克

配料（抹茶味）：

抹茶粉10克

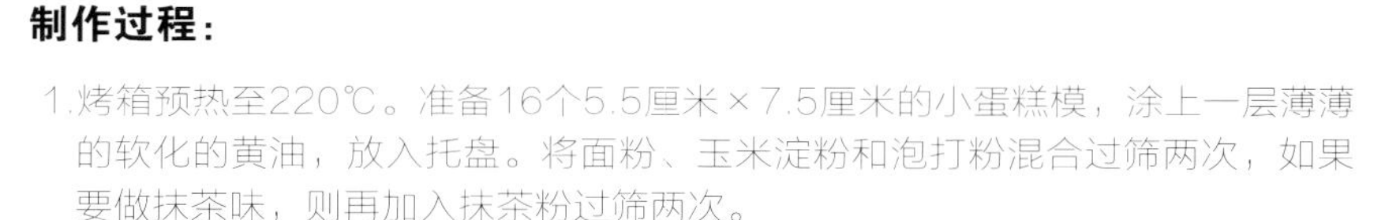

制作过程：

1. 烤箱预热至220℃。准备16个5.5厘米×7.5厘米的小蛋糕模，涂上一层薄薄的软化的黄油，放入托盘。将面粉、玉米淀粉和泡打粉混合过筛两次，如果要做抹茶味，则再加入抹茶粉过筛两次。
2. 将蛋白在一干净碗中轻轻搅打，加入糖，搅拌均匀，再加入杏仁粉、香草精（抹茶味省略香草精）、面粉混合物和盐，每加入一样前都搅拌均匀，注意不要过度搅拌。
3. 在小平底锅中，用中小火加热黄油，用手动打蛋器不停搅拌，直至产生香味，色泽变金黄色，立刻关火，将黄油倒入一个搅拌碗，放入一个装着一半冰水的大碗中。
4. 将黄油加入蛋白混合物搅拌均匀。将面糊倒入裱花袋，用1厘米普通裱花嘴，在蛋糕模中挤出蛋糕糊。
5. 蛋糕烘焙10到15分钟，至色泽呈现淡金黄色，将蛋糕脱模，置于隔热架上冷却。这款蛋糕可以置于密闭容器室温保存5天，或置于冰柜保存1个月。

冰激凌，两种口味

（参考分量：8人份）

配料（抹茶味）：

全脂鲜奶200克

蛋黄3个

细砂糖80克

抹茶粉10克

鲜奶油（35%脂肪含量）100克

配料（黑芝麻味）：

全脂鲜奶200克

蛋黄3个

细砂糖60克

黑芝麻酱50克

鲜奶油（35%脂肪含量）100克

制作过程：

1.在平底锅中加热牛奶，快煮沸时从火上移开，静置。

2.在搅拌碗中搅打蛋黄和糖，直至变成淡黄色，如果制作抹茶口味冰激凌，加入抹茶粉搅拌均匀。

3.加入热牛奶混合均匀，再将混合物倒回平底锅，小火加热，同时不停搅拌，直到形成黏稠的奶冻状。

4.将第3步的混合物移入搅拌碗，将碗置于一个装着一半冰水的大碗中冷却。如果制作黑芝麻口味冰激凌，加入黑芝麻酱混合均匀，静置。

5.在冷却的碗中，打发鲜奶油至可拉出尖角的状态，将打发的奶油加入第4步的混合物，搅拌均匀。再将混合物放入冰激凌机中，根据说明书制作冰激凌。

6.置于冷柜保存，拿出后需立即食用。

抹茶达克瓦兹蛋糕

（参考分量：16个）

配料（蛋糕）：

杏仁粉180克

糖粉80克（再加少量用于撒在表面）

抹茶粉10克

细砂糖40克

蛋白粉2克

蛋白200克

配料（抹茶馅）：

无盐黄油100克（室温）

蛋白35克

糖粉35克

抹茶粉5克

制作过程：

1.烤箱预热至180℃，烤盘铺上烤盘纸，杏仁粉、糖粉和抹茶粉一起用较粗的筛子过筛两次，放在一边。

2.将砂糖和蛋白粉混合。搅打蛋白至泡沫状，加入糖和蛋白粉的混合物，继续搅打，直到混合物呈现光滑能拉出尖角的状态。

3.将第1步中过筛后的杏仁粉混合物加入到第2步的蛋白打发物中，轻轻搅拌，形成达克瓦兹面糊。

4.将混合物移入裱花袋，用1.5厘米圆形裱花嘴，在烤盘上裱出直径约3.5厘米的小圆面团，撒上两次糖粉，烘烤15到20分钟，直到达克瓦兹面团膨胀，表面变干。

5.制作抹茶馅。将黄油搅打至颜色变淡的奶油状。取一干净碗，打发蛋白至泡沫状，加入一半的糖继续搅打，当蛋白变浓稠时，加入剩下的糖，继续搅打至蛋白呈现光滑能拉出尖角的状态。将蛋白打发物加入到黄油搅打物中，混合均匀。加入抹茶粉，搅拌均匀，将混合物移入有裱花嘴的裱花袋中。

6.在达克瓦兹小面团上裱上抹茶馅，将面团两两合上，平放。

7.达克瓦兹蛋糕烘焙后最好先在冰箱中放置一夜冷却，再加上馅料食用，达克瓦兹能保存3天。

达克瓦兹是一款精致美味的法国小蛋糕，一口一个，口感酥脆不腻，在这款抹茶口味蛋糕中，抹茶淡淡的苦味正好中和了达克瓦兹浓香厚重的口感。

咖啡奶油达克瓦兹蛋糕

（参考分量：16个）

朗姆酒浸泡的葡萄干*

配料（蛋糕）：

杏仁粉180克

糖粉80克（再加少量用于撒在表面）

细砂糖40克

蛋白粉2克

蛋白200克

配料（咖啡奶油馅）：

无盐黄油100克

蛋白35克

糖粉35克

速溶咖啡颗粒2小勺

朗姆酒2小勺

制作过程：

1. 烤箱预热至180℃，烤盘铺上烤盘纸，杏仁粉和糖粉一起用较粗的筛子过筛两次。
2. 将砂糖和蛋白粉混合。搅打蛋白至泡沫状，加入糖和蛋白粉的混合物，继续搅打，直到混合物呈现光滑能拉出尖角的状态。
3. 将第1步中过筛后的杏仁粉混合物加入到第2步的蛋白打发物中，轻轻搅拌，形成达克瓦兹面糊。
4. 将混合物移入裱花袋，用1.5厘米圆形裱花嘴，在烤盘上裱出直径约3.5厘米的小圆面团，撒上两次糖粉，烘烤15到20分钟，直到达克瓦兹面团膨胀，表面变干。
5. 制作咖啡奶油馅料。将黄油搅打至颜色变淡的奶油状。取一干净碗，打发蛋白至泡沫状，加入一半的糖继续搅打，当蛋白变浓稠时，加入剩下的糖，继续搅打至蛋白呈现光滑能拉出尖角的状态。将蛋白打发物加入到黄油搅打物中，混合均匀。将速溶咖啡颗粒溶解在朗姆酒中，再加入蛋白黄油混合物，搅拌均匀，将其移入裱花袋，用1厘米裱花嘴。
6. 在达克瓦兹小面团上裱上奶油馅料，在馅料中加入3颗葡萄干，将面团两两合上，平放。
7. 达克瓦兹蛋糕烘焙后最好先在冰箱中放置一夜冷却，再加上馅料食用，达克瓦兹能保存3天。

***朗姆酒浸泡的葡萄干：**

1. 在热水中煮葡萄干，然后无油炒干或者用厨房纸吸干水分。
2. 把葡萄干放入罐子，倒入朗姆酒到可以浸泡所有葡萄干，将葡萄干浸泡过夜，这样处理过的葡萄干能在室温下放置一年。

咖啡的醇香与朗姆酒味的奶油相得益彰，使得这款小蛋糕具有独特的美味。

抹茶舒芙蕾海绵蛋糕卷

（参考分量：28厘米瑞士卷蛋糕一个）

配料：

舒芙蕾海绵蛋糕卷1个

抹茶粉5克（过筛）

红豆酱120克

鲜奶油（35%脂肪含量）100克

细砂糖2小勺

配料（红豆酱）：

红豆500克

日本糖430克

盐½小勺

制作过程：

1. 准备一个舒芙蕾海绵蛋糕卷，制作时在面粉中加入抹茶粉。
2. 准备红豆酱。把红豆洗干净，加水煮沸，将红豆滤水，在平底锅中晾干放置。
3. 倒入足够的能没过红豆的水，小火煮约两小时，撇去泡沫，红豆煮软后，离火滤水。
4. 再把红豆倒入平底锅，加糖，小火煮5到10分钟，边煮边搅拌，加入盐，混合均匀，将红豆酱平铺在托盘上冷却。称出120克，其余可储存在密闭容器里，可在冰箱放置两个星期，或在冰柜冷冻保存两个月。
5. 在冷的搅拌碗中打发鲜奶油和糖，直到能拉出尖角的状态。
6. 制作瑞士蛋糕卷。将冷却的舒芙蕾海绵蛋糕放在干净的工作台上，将烤盘纸从蛋糕底部移除，在海绵蛋糕上平整抹上一层打发后的奶油，用勺子舀红豆酱，沿一侧蛋糕边缘将红豆酱铺成直线。
7. 从铺着红豆酱的蛋糕一侧轻轻卷起蛋糕形成瑞士卷，用保鲜膜包裹放入冰柜冷藏。

抹茶法国莎堡曲奇

（参考分量：约50块）

配料：

低筋粉240克（冷却）

抹茶粉15克

无盐黄油150克（室温）

糖粉130克

盐1小撮

蛋黄2个

砂糖（按需）

蛋白1个（搅打）

茶叶（选用，按需）

制作过程：

1.将面粉和抹茶粉一起过筛两次，放置。

2.将黄油、糖粉和盐混合搅打至柔软乳状，加入蛋黄混合均匀，加入第1步中的面粉混合物，用抹刀搅拌，将面团用保鲜膜覆盖，放入冰箱约15分钟。

3.将冷却后的面团均分成两份，将其中一份放在一张大烤盘纸上，揉成一个直径约3.5厘米的长条，将另一份面团也同样制作成长条，将面团放入冰箱冻硬，如果不是马上使用，可以包在保鲜膜中冷冻，曲奇面团可以在冰柜中保存2个月。

4.预热烤箱至150℃，将长条面团切成约7毫米厚的曲奇圆片，边缘裹上一些砂糖。

5.烤盘中垫上烤盘纸，将曲奇排在烤盘中，在曲奇表面刷上一点蛋白，如果需要，可以再撒上一些茶叶。

6.烘烤约25分钟，从烤盘中取出，放在隔热架上冷却。曲奇保存在密闭容器中，室温下可保存10天。

抹茶戚风蛋糕

（参考分量：20厘米蛋糕1个）

配料：

低筋粉70克

抹茶粉10克

蛋黄5个

细砂糖20克

水70克

菜籽油60克

配料（蛋白混合物）：

细砂糖90克

粘米粉或玉米淀粉10克

蛋白180克（大约5个）

配料（抹茶奶油馅料）：

打发奶油（60页）1份

抹茶粉7克

制作过程：

1. 烤箱预热至160℃。
2. 面粉和抹茶粉过筛两次。将蛋黄和糖在碗中搅打均匀，加水和菜籽油，混合均匀，再加入面粉和抹茶粉的混合物，搅拌至黏性状态，放在一边。
3. 制作蛋白混合物。将糖和粘米粉或玉米淀粉混合，打发蛋白至泡沫状态，加入一半的糖和粉的混合物，继续搅打几分钟，再加入剩下的糖粉混合物，打发至光滑能拉出尖角的状态。
4. 把三分之一的蛋白混合物加入第2步的蛋黄混合物中，轻轻搅拌，再加入剩下的蛋白混合物，搅拌至完全混合均匀。
5. 将混合物倒入戚风蛋糕模，蛋糕模不用抹油，烘烤40到50分钟，烘烤完毕后，拿出烤箱，倒置蛋糕模，使之冷却。
6. 蛋糕完全冷却后，小心用小刀或抹刀脱模，放到隔热架上。
7. 制作抹茶奶油馅料。准备好打发奶油，将其与抹茶粉混合。
8. 用抹刀和裱花转台，将馅料抹到戚风蛋糕上，根据需要装饰蛋糕，可切片食用。

黑芝麻戚风蛋糕

（参考分量：20厘米蛋糕1个）

配料：

低筋粉70克

蛋黄5个

红糖20克

黑芝麻酱20克

水60克

菜籽油40克

打发奶油（60页）1份

黑芝麻（选用）20克

配料（蛋白混合物）：

细砂糖90克

粘米粉或玉米淀粉10克

蛋白180克（大约5个）

配料（表面装饰）（选用）：

黑芝麻

制作过程：

1.烤箱预热至160℃，面粉过筛一次。

2.将蛋黄、糖和黑芝麻酱在碗中搅打均匀，加水和菜籽油，混合均匀，再加入面粉，搅拌至黏性状态，再放入黑芝麻搅拌。

3.制作蛋白混合物。将糖和粘米粉或玉米淀粉混合，打发蛋白至泡沫状态，加入一半的糖和面粉混合物，继续搅打几分钟，再加入剩下的糖和面粉混合物，打发至光滑能拉出尖角的状态。

4.把三分之一的蛋白混合物加入第2步的蛋黄混合物中，轻轻搅拌，再加入剩下的蛋白混合物，搅拌至完全混合均匀，不要过度搅拌，因为混合物中的黑芝麻酱会使戚风蛋糕塌陷，口感不轻盈。

5.将混合物倒入戚风蛋糕模，蛋糕模不用抹油，烘烤40到50分钟，烘烤完毕后，拿出烤箱，倒置蛋糕模，使之冷却。

6.蛋糕完全冷却后，小心用小刀或抹刀脱模，放到隔热架上。

7.准备好打发奶油。

8.用抹刀和裱花转台，将奶油抹到戚风蛋糕上，如果需要，撒上黑芝麻，可切片食用。

大豆戚风蛋糕

（参考分量：20厘米蛋糕1个）

配料：

低筋粉50克

蛋黄5个

红糖20克

水60克

菜籽油60克

大豆粉50克

配料（蛋白混合物）：

细砂糖90克

粘米粉或玉米淀粉10克

蛋白180克（大约5个）

配料（红豆奶油馅料）：

打发奶油（60页）1份

红豆酱（74页）125克

制作过程：

1.烤箱预热至160℃，面粉过筛一次。

2.将蛋黄、糖在碗中搅打均匀，加水和菜籽油，混合均匀，再加入面粉，搅拌至黏性状态，再放入大豆粉搅拌。

3.制作蛋白混合物。将糖和粘米粉或玉米淀粉混合，打发蛋白至泡沫状态，加入一半的糖和粉的混合物，继续搅打几分钟，再加入剩下的糖粉混合物，打发至光滑能拉出尖角的状态。

4.把三分之一的蛋白混合物加入第2步的蛋黄混合物中，轻轻搅拌，再加入剩下的蛋白混合物，搅拌至完全混合均匀。

5.将混合物倒入戚风蛋糕模，蛋糕模不用抹油，烘烤40到50分钟，烘烤完毕后，拿出烤箱，倒置蛋糕模，使之冷却。

6.蛋糕完全冷却后，小心用小刀或抹刀脱模，放到隔热架上（44页）。

7.制作红豆奶油馅料。准备好打发奶油和红豆酱，将两者混合。

8.用抹刀和裱花转台，将红豆奶油抹到戚风蛋糕上，根据需要装饰蛋糕，可切片食用。

抹茶提拉米苏

（参考分量：10人份）

配料（蛋糕）：

饼干海绵蛋糕1份（40页）

配料（马斯卡彭芝士馅）：

蛋黄40克（约2个鸡蛋）

细砂糖70克

马斯卡彭芝士250克

鲜奶油（35%脂肪含量）100克

蛋白70克

抹茶粉10克（再加少许用于撒在表面）

热水90克

制作过程：

1.准备饼干海绵蛋糕1份（40页）。

2.制作马斯卡彭芝士馅料。将蛋黄和30克糖在碗里搅打至混合物变浓稠，色泽成淡黄色，加入马斯卡彭芝士，混合均匀。

3.在一个冷却的碗中打发奶油到能拉出尖角的状态，将打发好的奶油加入到马斯卡彭芝士馅中搅拌均匀。

4.制作蛋白混合物。将蛋白放进干净碗中打发至泡沫状态，加入剩下的糖，打发至蛋白光滑能拉出尖角的状态，将马斯卡彭芝士混合物倒进并搅拌。

5.将抹茶粉放进一个小碗，热水慢慢倒入，搅拌至完全溶解，将饼干海绵蛋糕的两端迅速浸到融化的抹茶粉中，然后放到一个中等大小如27厘米的椭圆形盘子中，或者放到单独的玻璃杯中。

6.将一半的马斯卡彭馅涂在浸泡过抹茶水的饼干海绵蛋糕上，将更多的饼干海绵蛋糕浸到抹茶水中，再放到马斯卡彭馅层上，再放上另一半的马斯卡彭馅料。

7.撒上较多的抹茶粉，放入冰箱冷藏，提拉米苏能在冰箱中保存2天。

忘了那些太常见的咖啡提拉米苏吧，我们来尝试一下这款日式提拉米苏，
你一定会唇齿留香，欲罢不能。

红糖瑞士海绵蛋糕卷

（参考分量：28厘米瑞士卷蛋糕1个）

配料（白巧克力奶油馅料）：

鲜奶油（35%脂肪含量）150克

白巧克力50克

配料（海绵蛋糕）：

低筋粉40克

粘米粉15克

无盐黄油40克

蛋白140克

细砂糖20克

红糖70克

蛋黄90克（约5个鸡蛋）

制作过程：

1. 提前一天准备白巧克力奶油馅料。将鲜奶油在平底锅中煮沸，将白巧克力倒入碗中，加入热奶油，30秒钟后，用抹刀搅拌混合物至光滑状态，放置冷却后再放至冰箱冷藏过夜。
2. 烘焙前，烤箱预热至200℃。将面粉和粘米粉混合过筛两次，准备一个28厘米×28厘米的正方形蛋糕烘焙纸模，垫上烤盘纸，放到烤盘上。
3. 将黄油隔水加热或放到微波炉里融化，放在一边。
4. 将蛋白放入干净碗中，打发至泡沫状，加入细砂糖和三分之一红糖，继续搅打几分钟，再加入剩下的红糖，搅打至光滑能拉出尖角的状态。
5. 加入蛋黄，轻轻搅拌，再加入面粉混合物，用抹刀轻轻搅拌，然后加入融化的热黄油，搅拌均匀。将面糊倒入准备好的蛋糕模中，用刮刀抹平，烘烤10到13分钟。
6. 蛋糕烘烤完后脱模，放入塑料袋中冷却（如果不是立刻使用，蛋糕能在塑料袋中保存至第二天）。
7. 用电动打蛋器将白巧克力奶油打发至轻盈蓬松状态。将冷却后的海绵蛋糕放到干净的工作台上，从蛋糕底部去除烤盘纸，将白巧克力奶油在蛋糕上平整地抹上一层。
8. 轻轻卷起蛋糕做成瑞士卷，用保鲜膜包着放到冰柜中冷冻放置，切片食用。

这款瑞士海绵蛋糕卷制作如此简单，口味却如此超群，红糖为瑞士卷蛋糕家族增添了丰富独特的风味。

西班牙polvorones

（参考分量：约16块）

配料：

低筋粉110克

无盐黄油100克

糖粉40克（另加些许用于撒在表面）

杏仁粉50克

配料（大豆口味）：

大豆粉60克

制作过程：

1.烤箱预热至150℃，面粉过筛后放入烤箱烘烤25分钟，烘烤时偶尔搅动一下，然后从烤箱拿出冷却。

2.烤箱继续保持150℃。

3.将黄油和糖粉在一起搅打变软，加入杏仁粉，混合均匀，如果要制作大豆口味polvorones，加入大豆粉，混合均匀，加入面粉用抹刀搅拌至一个光滑面团。

4.将面团擀成一个约1厘米厚的面皮，用自己喜欢的饼干模具切割成各种形状，放到铺了烤盘纸的烤盘中。

5.烘焙20到25分钟，从烤箱中取出，在隔热架上冷却。

6.在冷却后的polvorones上撒上糖粉，保存在密闭容器中以保持松脆。

备注：polvorones是一种传统的西班牙点心，经常用在婚礼和庆祝活动中，也叫作墨西哥婚礼饼干，这款点心可用面粉、糖、牛奶和坚果制作，口感柔软，入口即化。

Polvorones是传统的西班牙点心，经常用于如圣诞节等节日庆典，入口即化的口感深受人们欢迎。

豆腐芝士蛋糕

（参考分量：18厘米×18厘米芝士蛋糕1个）

配料（大豆海绵蛋糕体）：

低筋粉40克
大豆粉20克（再加一些用于撒在表面）
无盐黄油30克
蛋白90克
细砂糖60克
黄砂糖20克
蛋黄80克
糖浆2大勺（用25克糖和50克水兑成）

配料（豆腐奶油馅料）：

奶油奶酪230克
黄砂糖10克
细砂糖70克
绢豆腐230克（滤水）
高脂鲜奶油（45%脂肪含量）50克
酸奶油50克
豆奶100克
鱼胶片6克（浸泡在冰水中软化）

制作过程：

1.烤箱预热至200℃，准备一个28厘米×28厘米的正方形蛋糕烘焙纸模。

2.面粉和大豆粉混合过筛两次，黄油隔水或在微波炉中加热融化。

3.将细砂糖和黄砂糖混合均匀。制作打发物，将蛋白在干净碗中打发至泡沫状态，加入一半分量的糖继续打发，再加入剩下的糖，打发直到蛋白呈现光滑能拉出尖角的状态。再加入蛋黄混合均匀。

4.将粉都倒入碗中，用抹刀搅拌，将融化的黄油倒进面糊，搅拌均匀，将面糊倒进蛋糕模中，用刮刀抹平，再将蛋糕模放到烤盘上烘烤10到13分钟。

5.蛋糕烘烤完毕后，脱模放进塑料袋中冷却后，去除蛋糕表面的纸和焦皮。

6.准备一个18厘米×18厘米的方形蛋糕圈放在蛋糕上切割蛋糕，去除边角，将蛋糕连同蛋糕圈放到烤盘上，在蛋糕上刷上糖浆，静置。

7.制作豆腐奶油馅料。将奶油奶酪、黄砂糖和砂糖放进食物料理机，混合至奶油状，加入豆腐、高脂鲜奶油、酸奶油和豆奶，混合均匀。

8.把软化的鱼胶片放在一个小碗里，隔水加热融化，加入第7步的豆腐奶油混合物，混合均匀，将混合物倒在有蛋糕圈的大豆海绵蛋糕上，用斜角抹刀抹平表面，放入冰箱冷藏过夜。

9.如果要使蛋糕脱模，可用热毛巾或喷灯使蛋糕边缘变热，如果要切蛋糕，用稍微加热过的小刀，撒上大豆粉，可立即食用。

南瓜芝士蛋糕

（参考分量：直径18厘米芝士蛋糕1个）

配料：

核桃30克

全麦饼干70克

无盐黄油40克（融化，另加一些用于涂抹蛋糕盘）

南瓜250克（去皮，去子）

红糖90克

奶油奶酪220克

肉桂粉1/2小勺

香草精或香草酱1/2小勺

鲜奶油（35%脂肪含量）50克

鸡蛋2个

蛋黄1个

制作过程：

1. 不用预热烤箱，将核桃于150℃烘烤20分钟后切成小粒放置。
2. 将烤箱升温至170℃，准备一个18厘米的圆形蛋糕活底模，轻轻用软化的黄油涂抹模壁。
3. 将全麦饼干和烤熟的核桃放入食品料理机，轻轻研磨成碎屑，加入融化了的黄油，混合均匀，将碎屑均匀倒入准备好的蛋糕模中，压平，放入冰箱或冰柜中冷藏。
4. 将南瓜放到可用于微波炉的盘子中，用微波炉600瓦（中火）加热5分钟，把南瓜和红糖放入食品料理机中混合均匀，加入奶油奶酪、肉桂粉、香草和鲜奶油混合，倒入搅拌碗，将鸡蛋和蛋黄搅打后加入南瓜混合物，轻轻搅拌，不要过度搅拌。
5. 将南瓜混合物倒到第3步的饼干混合物上，烘烤40到50分钟，直到表面变成浅棕色，蛋糕中间摸起来有弹性。
6. 用小刀轻轻沿着蛋糕边缘划，放到隔热架上冷却，用保鲜膜覆盖，放入冰箱冷藏过夜。
7. 食用前使蛋糕脱模，用温热的小刀切片。

黑芝麻奶油果冻

（参考分量：6人份）

配料：

全脂牛奶300克

市售黑芝麻酱50克

细砂糖35克

鱼胶片5克（浸泡在冰水中软化）

鲜奶油（35%脂肪含量）40克

黑糖（用于撒在表面，切碎）

制作过程：

1.将牛奶、黑芝麻酱和糖在小平底锅中煮沸。

2.加入软化了的鱼胶片和鲜奶油，混合均匀，将混合物倒入6个小杯，放到冰箱冷藏至凝固。

3.食用前在果冻表面撒上切碎的黑糖。

黑芝麻饼干

（参考分量：约40块）

配料：

低筋粉220克

白芝麻50克

黑芝麻50克

无盐黄油100克（软化）

糖粉100克

盐1/2小勺

蛋黄40克（约2个）

制作过程：

1. 过筛面粉，放入冰柜冷却，不用预热烤箱，将白芝麻和黑芝麻于150℃烘烤10到15分钟，静置冷却。
2. 将黄油、糖粉和盐搅打直到柔软的乳状，加入蛋黄，搅打均匀，再加入面粉和芝麻，用抹刀搅拌。
3. 将面团均分成两份，把每一份都放到烤盘纸上，整成12厘米×7厘米×2.5厘米的长方形，用保鲜膜包裹，在冰箱里冷藏至少3小时。
4. 烤箱预热至160℃。
5. 将冷藏的饼干面团切成5～7毫米的块状，放在铺了烤盘纸的烤盘上，烘烤20分钟，直到变成金黄色，在隔热架上冷却。
6. 饼干放进密闭容器以保持松脆。

红薯挞

（参考分量：直径22厘米挞1个）

配料（甜酥挞皮）：

无盐黄油70克

红糖35克

盐1小撮

鸡蛋20克

大豆粉20克

低筋粉70克（过筛）

米粉30克（过筛）

糖粉（用于撒在表面）

配料（红薯馅料）：

红薯400克（去皮，切块）

细砂糖70克

红糖40克

香草精1/2小勺

蛋黄3个

无盐黄油30克

鲜奶油（35%脂肪含量）160克

黑芝麻2大勺（150℃烤10分钟）

配料（蛋液）：

蛋黄1个

水（根据需要）

制作过程：

1. 准备甜酥挞皮。搅打黄油至柔软奶油状，加入红糖、盐、鸡蛋和大豆粉，混合均匀，加入面粉和米粉，用抹刀搅拌，将面团裹在保鲜膜中，放入冰箱3小时。
2. 取出面团，放在不沾烘焙垫上，将保鲜膜盖在面团上，将面团擀成厚度约3～5毫米，拿掉烘焙垫，将覆盖着保鲜膜的面团放进22厘米活底凹槽派盘中，轻轻挤压面团使之装进派盘而不拉升面团，去掉保鲜膜。
3. 用擀面杖滚过派盘顶部，去除多余面团，用叉子在面团上戳些小孔，放进冰柜冷冻5分钟。
4. 烤箱预热至180℃。
5. 在冷藏好的面团上盖一层铝箔（不要盖住面团边缘），将铝箔按压至派盘底部，放上重石烘烤20分钟；酥皮边缘的颜色开始发生变化时，小心移走重石和铝箔，然后再继续烘烤10分钟直到酥挞皮烤成金黄色。
6. 准备红薯馅料。将切块后的红薯放到盘子里放入微波炉中，用600瓦中火加热约8分钟直到红薯块变软。
7. 将第6步中的红薯软块放入食品料理机中打成红薯泥，加入细砂糖、红糖、香草精、蛋黄和无盐黄油，继续混合，再慢慢加入鲜奶油，混合均匀。
8. 将黑芝麻倒入红薯混合物中，混合均匀，将馅料倒入准备好的挞皮中。
9. 将蛋黄和少量水在一个小碗中混合成蛋液，刷在挞的表面。
10. 将挞放入烤箱烘烤约30分钟，直到挞顶部变成金黄色，从烤箱中取出，放在隔热架上冷却。
11. 撒上糖粉，可切片食用。

这款简单的红薯挞将红薯的朴素美味发挥得淋漓尽致。

南瓜挞

（参考分量：直径20厘米挞1个）

配料：

甜酥挞皮（50页）1份

打发奶油（60页）1份

配料（南瓜馅料）：

南瓜200克（去皮，去子）

细砂糖30克

鱼胶片6克（浸泡在冰水中软化）

蛋黄1个

全脂牛奶25克

鲜奶油（35%脂肪含量）65克

香草精1/2小勺

肉桂粉1小撮

配料（蛋白打发物）：

蛋白25克

细砂糖15克

制作过程：

1. 用20厘米凹槽活底挞盘准备甜酥挞皮1份。准备1份打发奶油。
2. 准备南瓜馅料。将南瓜切成块状，放到盘子里放入微波炉中，用600瓦中火加热约5分钟。
3. 将南瓜块、糖和软化的鱼胶片放入食品料理机中混合均匀，加入蛋黄、牛奶，鲜奶油、香草精和肉桂粉，混合均匀，放在一边。
4. 制作蛋白打发物。搅打蛋白至泡沫状，加入一半糖继续打发几分钟，再加入剩下的糖，打发蛋白至细腻拉出尖角的状态。
5. 将蛋白打发物加入到南瓜馅料中，再倒入挞皮，在冰箱放置约1小时直至凝固。
6. 将打发奶油倒入裱花袋，用1厘米圆形裱花嘴，将奶油均匀裱至冷藏后的挞上，根据需要进行装饰，切片食用。

日式牛奶玛德琳

（参考分量：18个小圆蛋糕）

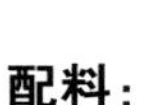

配料：

低筋粉120克

米粉或玉米淀粉20克

奶粉15克

泡打粉½小勺

蜂蜜15克

热水1大勺

无盐黄油100克

高脂厚奶油（45%脂肪含量）50克

香草精1小勺

鸡蛋140克

盐1小撮

日本糖或细砂糖150克

制作过程：

1. 烤箱预热至170℃，在托盘上排好9个麦芬蛋糕纸模，将面粉、米粉或玉米淀粉、奶粉和泡打粉放在一起过筛，将蜂蜜和热水在小碗中混合。
2. 将黄油、奶油和香草精放入碗中隔水加热，一边搅拌至黄油融化，放在一边。
3. 在另一个碗中用手动打蛋器搅打鸡蛋和盐，加糖后将碗置于热水中，混合均匀，再趁热用电动打蛋器高速搅打至轻盈蓬松状态，再换至中速继续搅打约1分钟，加入蜂蜜混合均匀。
4. 用抹刀将过筛后的面粉混合物拌入，加入第2步中制作好的黄油和奶油混合物，搅拌均匀。
5. 将面糊舀进裱花袋，用1厘米的裱花嘴，将面糊裱进准备好的蛋糕纸模中，烘烤约25分钟，直至玛德琳蛋糕呈现淡金黄色后取出，在隔热架上冷却。
6. 玛德琳蛋糕放在密闭容器中，在室温下可保存5天，在冰柜里可保存1个月。

在日本，这些简单的黄油蛋糕是经典的西式甜点，配上一杯中意的热饮，完美的下午茶就是如此简单。

精选食谱

香蕉焦糖瑞士卷

（参考分量：28厘米×28厘米瑞士卷蛋糕1个）

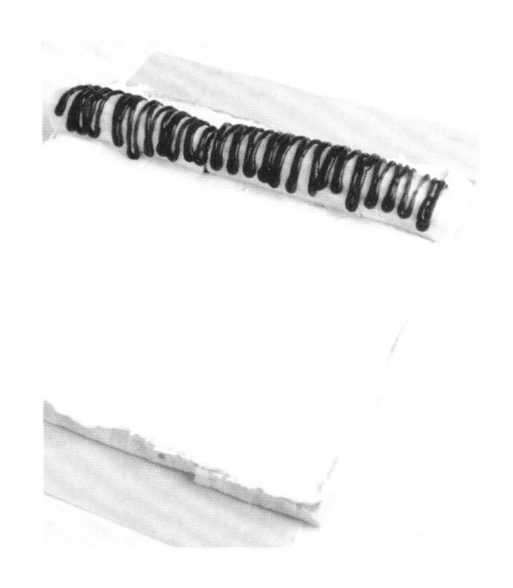

配料：

瑞士海绵蛋糕卷（34页）1份

成熟的香蕉2根

配料（焦糖奶油酱）：

细砂糖50克

鲜奶油（35%脂肪含量）50克

配料（打发奶油）：

鲜奶油（35%脂肪含量）120克

细砂糖1勺

制作过程：

1.准备1个瑞士海绵蛋糕卷。

2.制作焦糖奶油酱。糖放入平底锅加热至焦糖状态，将奶油小心倒入平底锅，慢慢用抹刀搅拌，混合至光滑状态，冷却。

3.制作打发奶油。将奶油和糖在一个干净碗中混合，将碗置于一个大碗中，大碗中放冰块和冷水，用电动打蛋器中速打发奶油直到光滑能拉出尖角的状态。

4.组合瑞士蛋糕卷。将冷却的海绵蛋糕卷置于干净的工作台上，从海绵蛋糕底部去除烤盘纸，将打发奶油平整地涂到海绵蛋糕卷上。

5.香蕉去皮去底部，置于海绵蛋糕的一端，将焦糖酱洒在香蕉上，然后轻轻从放有香蕉这一端卷起海绵蛋糕。

6.用保鲜膜包裹，置于冰柜冷却，切片食用。

浓浓的焦糖、成熟的香蕉、柔软的海绵蛋糕卷，没有什么能匹敌这样的甜蜜感，孩子和大人都会喜欢。

日式草莓蛋糕

（参考分量：直径18厘米蛋糕1个）

配料：

糖浆3大勺（用25克糖和50克水制成）

草莓300克（去蒂切成长条状）

打发奶油（60页）1份

配料（海绵蛋糕体）：

低筋粉115克

鸡蛋170克

细砂糖130克

葡萄糖15克

无盐黄油30克

全脂牛奶45克

香草精1小勺

配料（香草奶油）：

鲜奶油（35%脂肪含量）150克

全脂牛奶20克

细砂糖15克

香草精1/2小勺

鱼胶片4克（浸泡在冰水中软化）

制作过程：

1.烤箱预热至170℃。将18厘米圆形蛋糕活底模置于烤盘纸上，面粉过筛两次，取一干净碗，用手动打蛋器搅打鸡蛋，加入糖和葡萄糖，将碗置于热水中混合均匀。

2.鸡蛋混合物在温热状态下，用电动打蛋器高速打发至轻盈蓬松状态，再低速继续搅打约1分钟。

3.将黄油、牛奶和香草精倒进碗中，将碗置于热水中，黄油一融化即搅拌直至混合均匀。

4.将第2步中的鸡蛋混合物的六分之一倒入第3步的黄油混合物中混合均匀，再将其加入到剩下的鸡蛋混合物中搅拌均匀，将面粉筛入其中，用抹刀搅拌，直到面糊变得光滑。

5.将面糊倒入准备好的蛋糕模中，烘烤约40分钟，直至轻轻触碰蛋糕有弹性，脱模，置于隔热架上，放在塑料袋中冷却，彻底冷却后，切掉顶部和底部的蛋糕皮，将蛋糕水平切成两层。

6.将一层蛋糕放置在一个水平托盘上，在两面均匀刷上三分之一的糖浆，将这层蛋糕和另一层放在一边。

7.制作香草奶油。在冷的碗里打发奶油至能拉出尖角的状态，静置。将奶油、糖和香草放进小平底锅加热，加入软化的鱼胶片混合均匀，牛奶混合物冷却至30℃左右时，加入打发好的奶油，搅拌至完全融合。

8.将香草奶油涂抹到已刷了糖浆的蛋糕层上，然后在上面放上片好的草莓，再放上第二层蛋糕，轻轻压下，放进冰箱冷藏几分钟。

9.准备打发奶油1份。

10.将打发奶油涂抹到蛋糕上，用汤勺轻轻压出一些装饰凹痕，根据喜好装饰蛋糕，可立即食用。

法式草莓蛋糕

（参考分量：18厘米×18厘米方形蛋糕1个）

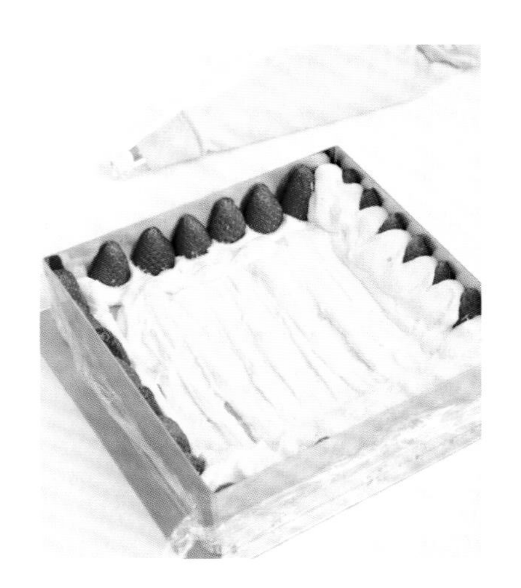

配料：

特制海绵蛋糕（42页）1份

樱桃白兰地或樱桃利口酒1小勺

糖浆3大勺（用25克糖和50克水制成）

草莓450克（去蒂切成长条状）

配料（奶油慕斯）：

全脂鲜奶350克

香草豆荚1/2根（将豆荚从中间劈开，取其中的豆子）

蛋黄4个

细砂糖100克

低筋粉35克（过筛）

无盐黄油200克

樱桃白兰地或樱桃利口酒1大勺

配料（覆盆子果冻）：

覆盆子果泥100克

细砂糖30克

鱼胶片5克（浸泡在冰水中软化）

制作过程：

1. 准备特制海绵蛋糕1份。
2. 海绵蛋糕做好冷却后，撇去顶部棕黄色的皮，用一个18厘米×18厘米的方形蛋糕圈切出一块18厘米×18厘米的蛋糕片，将蛋糕片留在蛋糕圈中，放在一不锈钢托盘上，用保鲜膜包住蛋糕底部。
3. 在糖浆中加入樱桃白兰地或樱桃利口酒，将其刷到海绵蛋糕上，放在一边。
4. 制作奶油慕斯。先准备奶油，将牛奶、香草豆荚和香草豆放进平底锅中加热，从火上移除，静置。
5. 用手动打蛋器将蛋黄和糖搅拌至呈淡黄色，加入面粉，混合均匀，去除第4步中的香草豆荚。
6. 将第4步中的奶油倒入第5步中的蛋黄混合物中，再放入平底锅，高火加热至沸腾并不断搅拌，继续搅拌至黏稠光滑状态，从火上移除，放入托盘中冷却，盖上保鲜膜，放入冰柜中冷却但不要冰冻。
7. 用电动打蛋器打发黄油至奶油状，加入冷却的奶油，继续搅打至混合，加入樱桃白兰地或樱桃利口酒混合均匀，将奶油慕斯舀到使用1厘米圆形裱花嘴的裱花袋中。
8. 将奶油慕斯在蛋糕圈中的海绵蛋糕上裱上薄薄一层，沿蛋糕圈边缘放上一圈切开的草莓，草莓平的一面贴着蛋糕圈，均匀分配草莓，再在草莓上裱上一层奶油慕斯，用斜角抹刀抹平，确保奶油中没有气泡产生，将蛋糕放入冰柜约20分钟。

9.制作覆盆子果冻。将覆盆子果泥和糖放入小平底锅加热煮沸，加入鱼胶片混合均匀，将混合物倒在蛋糕上，放入冰箱，静置过夜。

10.脱模蛋糕时，用一热毛巾或喷灯温热蛋糕圈，按喜好装饰蛋糕，切片食用。

奥地利咖啡奶油海绵蛋糕

（参考分量：30厘米×30厘米方形蛋糕1个）

配料：

杏仁片100克（烤箱150℃烘烤20分钟）

糖粉（用于撒在表面）

配料（蛋白打发物）：

蛋白2个

细砂糖70克

配料（海绵蛋糕体）：

鸡蛋1个

蛋黄2个

细砂糖25克

低筋粉25克（两次过筛）

配料（咖啡奶油）：

速溶咖啡颗粒2小勺

鲜奶油（35%脂肪含量）200克

细砂糖1大勺

制作过程：

1. 烤箱预热至160℃。准备一个30厘米×30厘米方形烤盘，用两张烤盘纸垫在烤盘上，在其中一张纸上，离边缘4厘米处划一条直线，隔8厘米再划一条平行线，隔6厘米再划一条，再隔8厘米划一条，然后将另一张烤盘纸放在上面。

2. 制作打发物。打发蛋白至泡沫状，加入一半糖，继续搅打几分钟，再加入剩下的糖打发蛋白至光滑拉出尖角状态，将蛋白打发物舀进有1.5厘米裱花嘴的裱花袋中。

3. 根据第一步中划的线条，将蛋白物在纸上裱出两组线条，每组三条，均匀分布在两条直线中。

4. 准备海绵蛋糕体。在隔热搅拌碗中，用手动打蛋器搅打鸡蛋和蛋黄，加入糖，将碗置于热水中搅打均匀，当鸡蛋混合物温热时，用电动打蛋器高速打发至蓬松状态，用抹刀将面粉轻轻拌入，将面糊舀至用1.5厘米裱花嘴的裱花袋中。

5. 将面糊直线裱在蛋白打发物之间（如图所示），在蛋白打发物和海绵蛋糕面糊上撒两次糖粉，将其放进烤箱烘烤25分钟，烘烤完毕脱模，放在隔热架上冷却。

6. 制作咖啡奶油。将速溶咖啡颗粒用少量水融化在碗中，将奶油、细砂糖和咖啡在一个冷的碗中打发至能拉出尖角状态。

这款经典的奥地利咖啡奶油海绵蛋糕不难做，
但会在各种场合给人留下深刻印象。

7.海绵蛋糕冷却后，放在一干净工作台上，从蛋糕底部去除烤盘纸。

8.在一块海绵蛋糕上均匀涂上咖啡奶油，将之盖在另一块海绵蛋糕上，涂上剩下的咖啡奶油，注意边上都要覆盖咖啡奶油。

9.在蛋糕边上覆盖上杏仁片，撒上糖粉，切片食用。

栗子蛋糕（蒙布朗式）

（参考分量：直径18厘米蛋糕1个）

配料：

瑞士海绵蛋糕卷（34页）1份

打发奶油（60页）1份

朗姆酒1大勺

糖浆2大勺（用25克糖和50克水制成）

配料（栗子装饰物）：

栗子150克（蒸熟变软或者使用市售熟栗子仁）

细砂糖120克

水150克

配料（栗子奶油）：

新鲜栗子200克

细砂糖40克

罐装栗子酱100克

无盐黄油100克

朗姆酒2小勺

配料（打发奶油）：

鲜奶油（35%脂肪含量）200克

细砂糖2小勺

香草精1小勺

制作过程：

1. 提前一天准备装饰用栗子。将熟栗子、糖和水放在平底锅中炖约15分钟，离火冷却，切成粗块状，放在一边。
2. 准备1份瑞士海绵蛋糕卷（34页），海绵蛋糕做好后，去掉顶部的焦皮，用1个18厘米的圆形蛋糕圈，切出一个圆形蛋糕体，再从剩下的海绵蛋糕中切出两个半圆形，这两个半圆形也可拼成1个直径18厘米的圆形。。
3. 在1个直径20厘米的大塑料碗中放上保鲜膜，将18厘米的圆形海绵蛋糕放进碗中，压至与碗契合。将朗姆酒和糖浆混合，在海绵蛋糕中刷上其中三分之一，用保鲜膜覆盖住碗，放入冰箱。
4. 制作栗子奶油。将新鲜栗子放在平底锅中，加水烧约15分钟，沥干去皮，再将栗子放在压力锅中加足够的水，烧约15分钟直到栗子变软，沥干。也可将栗子放在火炉上烤熟。将栗子和细砂糖放在食品料理机中打碎混合，冷却放置。
5. 将冷却的栗子泥、罐装栗子酱和黄油在碗中混合均匀，加入朗姆酒搅拌均匀，将栗子奶油舀进有裱花嘴的裱花袋中。
6. 准备打发奶油（60页）。将原料在干净碗中混合，将碗放在一个装有冰水和冰块的大碗中，用电动打蛋器中速打发至能拉出尖角的光滑状态。
7. 将打发奶油覆盖在海绵蛋糕体上，将碎栗子仁撒在奶油上，然后将两个半圆形的蛋糕盖在奶油上面。

8.将1个18厘米的蛋糕板盖在碗上，倒转碗使蛋糕脱模。

9.去除保鲜膜，将栗子奶油舀进裱花袋中，选择1厘米星形、带形或蒙布朗形裱花嘴，将栗子奶油裱在蛋糕上按喜好装饰，切片即可食用。

生日蛋糕

（参考分量：直径16厘米蛋糕1个）

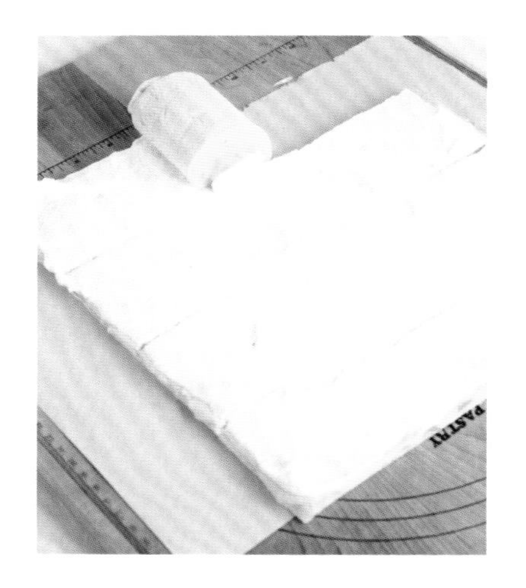

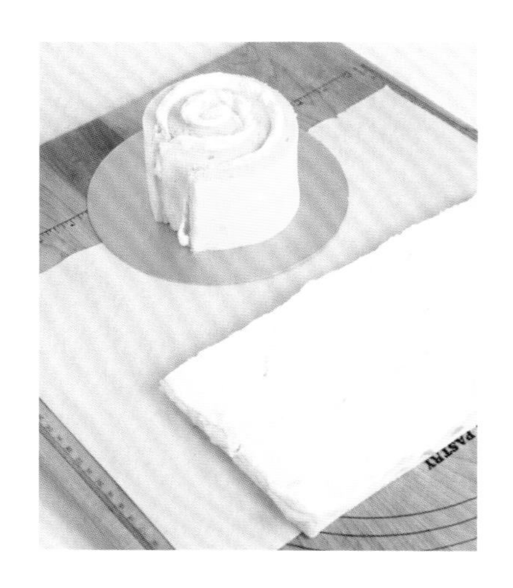

配料：

舒芙蕾海绵蛋糕卷（36页）1份

打发奶油（60页）1份

奶油霜（58页）1份

糖浆3大勺（用25克糖和50克水制成）

橙子利口酒1大勺

配料（柠檬奶油酱）：

鸡蛋2个

蛋黄2个

细砂糖100克

玉米淀粉10克

柠檬汁80克

柠檬2个（碾碎成柠檬皮屑）

制作过程：

1.准备一份舒芙蕾海绵蛋糕卷（36页），1份打发奶油（60页）和一份奶油霜（58页），奶油霜放冰箱。

2.准备柠檬奶油酱。将鸡蛋、蛋黄、糖和玉米淀粉放在小平底锅中混合均匀，将柠檬汁和柠檬皮屑倒入搅拌，低火煮混合物，用打蛋器持续搅拌直到混合物变黏稠，不要过度煮混合物，否则容易使之结块，从火上移除冷却放置。

3.组装蛋糕。将舒芙蕾海绵蛋糕卷放置在干净的工作台上，从底部去除烤盘纸，从顶部去除焦皮，将海绵蛋糕切成4块长方形。

4.将糖浆和橙子利口酒混合刷在海绵蛋糕上，将柠檬奶油酱均匀涂在海绵蛋糕顶部，然后再涂上打发奶油。

5.像卷瑞士卷一样卷起一个海绵蛋糕，将蛋糕翻一面使其切面朝下站立，将其放在一个20厘米的圆形蛋糕板上，拿起第二个长方形蛋糕条，有奶油的一面朝里，将其卷在第一个蛋糕卷的外面，重复做第三个和第四个，做成一个圆形蛋糕，海绵蛋糕最外层稍做修整以使其成为圆形，用抹刀刮去蛋糕顶部多余奶油，将蛋糕放进冰柜冷藏。

6.冷藏后，用奶油霜裱奶油花装饰蛋糕（118页）。

Birthday

奶油霜裱花

配料（奶油霜）：

奶油霜（58页）2份

食用色素（红、蓝、黄、绿）

所需工具：

五个裱花袋

蜡纸

裱花剪

花形裱花嘴102号

花形裱花嘴104号

叶子形裱花嘴70号

圆形裱花嘴4号

制作过程：

1.将奶油霜等分成5份，每一份中滴入几滴食用色素使之成为5份不同颜色的奶油霜。

2.用104号裱花嘴裱雏菊花形。用原色奶油霜裱花瓣，在花钉上放一张油纸，手持裱花袋与花钉成45度角，花嘴宽的一端开口朝向花钉中心，距离中心0.5厘米处，花嘴窄的一端朝向花钉外缘，先在中心处挤出一点奶油霜以便定位，从花钉外缘任何一点开始裱出十个花瓣，挤压裱花袋的同时花嘴朝中间移动，接近中心时停止挤压拔出花嘴，再换成小号圆形裱花嘴，用黄色奶油霜裱出花蕊。

3.用102号裱花嘴裱五瓣花的小花瓣，用104号裱大花瓣，用粉色、蓝色和黄色奶油霜。在花钉上放一张油纸，手持裱花袋与花钉成45度角，花嘴宽的一端指向外侧并稍向左倾，花嘴以打圈的方式裱出花瓣，并在中间抖动花嘴以营造花瓣的褶皱感，一共裱出五个花瓣，每片之间稍有重叠，在裱花的同时记得转动花钉，然后用4号裱花嘴裱出花蕊。

4.用70号裱花嘴裱叶片，用绿色奶油霜，在花钉上放一张油纸，手持裱花袋与花钉成45度角，花嘴宽的一头轻轻靠在油纸上，并与花钉成平行角度，用力挤压裱花袋形成叶片基部的同时轻抬花嘴，在花嘴朝自己移动时减轻挤压力度以形成叶片顶端，最后停止挤压拔出花嘴。

5.将裱完的花和叶放入冰柜冷冻。

6.用4号或者任何其他圆形裱花嘴在蛋糕上裱出不同颜色的装饰线条，将花和叶随喜好装饰在蛋糕上。

松仁挞

（参考分量：直径22厘米挞1个）

配料：

甜酥挞皮（50页）1份

覆盆子果酱100克

配料（馅料）：

细砂糖50克

杏仁粉30克

鸡蛋1个

蛋黄1个

高脂厚奶油（45%脂肪含量）140克

香草精1/2小勺

松仁70克

制作过程：

1. 准备甜酥挞皮1份。
2. 准备馅料。将糖和杏仁粉混合，加入鸡蛋、蛋黄、奶油和香草精，混合均匀，不要过度搅拌。
3. 烤箱预热至180℃。
4. 将覆盆子果酱涂抹在挞皮底部，加入馅料，再在顶部均匀撒上松仁，放进烤箱烘烤30到40分钟，直到色泽变成金黄色，取出，放在隔热架上冷却。
5. 撒上糖粉，如需要，可切片食用。

水果挞

（参考分量：直径20厘米挞1个）

配料：

酥挞皮（48页）1份

奶油酱（54页）1份

鲜奶油（35%脂肪含量）40克

樱桃利口酒或橙子利口酒1大勺

新鲜水果（草莓、油桃、蓝莓、覆盆子、芒果）

制作过程：

1. 准备酥挞皮1份和奶油酱1份。
2. 在冷的碗中，打发奶油至能拉出尖角的状态，加入利口酒和奶油酱，混合均匀。
3. 在烘烤完的挞皮中倒入奶油酱，在顶部放上水果，食用前撒上糖粉，按喜好装饰。

新鲜水果和细腻奶油，与酥脆挞皮结合，制造出意想不到的美味。

焦糖坚果小挞

（参考分量：10个）

配料（甜酥挞皮）：

无盐黄油140克（室温，软化）

糖粉70克

盐1小撮

香草精2小勺

鸡蛋40克

杏仁粉40克

低筋粉260克（过筛）

配料（杏仁奶油）：

无盐黄油90克（软化）

细砂糖75克

香草精1小勺

杏仁粉90克

鸡蛋75克

配料（焦糖奶油）：

细砂糖75克

葡萄糖10克

鲜奶油（35%脂肪含量）100克

无盐黄油50克

制作过程：

1.准备甜酥挞皮。将黄油、糖粉、盐和香草精用电动打蛋器搅打混合，加入蛋黄，继续搅打充分，加入杏仁粉混合均匀，再加入面粉，搅拌均匀，用一平底刮刀搅拌面糊形成一个光滑面团，将面团包在保鲜膜中，放进冰箱冷藏至少3个小时。

2.烤箱预热至180℃。

3.拿出面团，去掉保鲜膜，将面团放在不粘烘焙垫或烤盘纸上，将面团擀成3～5毫米厚度的面皮。

4.用9.5厘米带凹槽圆形切模切出10个圆形面皮，将其轻轻挤压放进10个小挞模中，每个8厘米×3厘米，用叉子在中间叉几个小孔，放进冰柜冷冻10分钟，然后进烤箱烘烤20分钟，直到挞皮变成浅金黄色，从烤箱中取出冷却，烤箱继续保持温度。

5.准备杏仁奶油。搅打黄油和糖，加入香草精，混合均匀，加入杏仁粉，再加入鸡蛋，混合均匀，不要过度混合，将杏仁奶油舀进1厘米裱花嘴的裱花袋中，在挞皮中裱进杏仁奶油至五分满，烘烤20分钟，直到变成浅金黄色。

6.准备焦糖奶油。将糖和葡萄糖放在平底锅中加热至焦糖状态，慢慢加入奶油，边用抹刀搅拌，混合至光滑状态，去火，稍冷却，加入无盐黄油。

7.烤箱150℃将混合坚果烘烤20分钟，不用提前预热烤箱。

8.在热水中浸泡干果，然后沥干水分，将干果切成小块，将烤好的坚果和干果倒进焦糖奶油搅拌，将混合物舀进准备好的挞皮，即可食用。

配料（混合坚果）：

棒子20克

杏仁片20克

核桃20克

开心果20克

配料（干果）：

杏干6个

无花果干3个

黑葡萄干30克

蔓越莓干30克

苹果果酱小挞

（参考分量：12个）

配料（酥挞皮）：

冷藏无盐黄油120克（切成小块）

低筋粉200克

细砂糖1/2小勺

盐1/2小勺

冰水100克

配料（苹果馅料）：

无盐黄油10克

青苹果2个（去皮，去核，切薄片）

细砂糖1大勺

市售什锦果酱100克

糖粉（用于撒在表面）

配料（杏仁混合物）：

鸡蛋2个

细砂糖80克

酸奶油50克

高脂厚奶油（45%脂肪含量）50克

杏仁粉50克

无盐黄油60克（融化）

制作过程：

1. 提前两天准备酥挞皮。将黄油小块和面粉在一塑料袋中混合，放进冰柜冷冻过夜。
2. 用食品料理机将黄油面粉混合物、糖、盐搅拌，成粗糙面包屑状态，加入水，混合成一个光滑面团，将面团放在案板上轻轻揉捏，案板上可撒些许面粉，将面团放进冰箱冷藏过夜。
3. 将面团放在不粘烘焙垫或烘焙纸上，擀成5毫米的面皮，用9.5厘米带凹槽圆形切模切出12个圆形面皮，将其轻轻挤压放进12个小挞模中，每个直径6.5厘米，厚2厘米，用叉子在中间叉几个小孔，放进冰柜冷冻10分钟。
4. 制作苹果馅料。将黄油、苹果和糖放进小平底锅中，中火加热直到苹果片变成浅棕色，加入果酱混合均匀，将馅料倒到托盘上冷却，冷却后舀进挞皮中。
5. 准备杏仁混合物。轻轻搅打鸡蛋和糖，加入酸奶油、厚奶油、杏仁粉和融化了的黄油，混合完全，将混合物倒入苹果馅料，撒上糖粉。
6. 烤箱预热至200℃，烘烤挞20分钟，然后将温度降至180℃，继续烘烤15分钟，从烤箱中拿出，在隔热架上稍稍冷却。
7. 在小挞上撒上糖粉，趁热食用。

新鲜出炉的这款传统的美味甜点，水果和果酱的丰富甜香与温暖的酥皮完美融合，带来美妙绝伦的味蕾享受。

橙香杏仁黄油蛋糕

（参考分量：直径18厘米蛋糕1个）

配料：

杏仁片（根据需要）

鸡蛋2个

蛋黄1个

杏仁粉85克

糖粉90克

低筋粉25克（过筛）

糖渍橙皮70克（切成小块）

无盐黄油35克（融化）

杏子酱100克

水1小勺

配料（糖衣）：

糖粉90克

柠檬汁20克

制作过程：

1.烤箱预热至170℃。用软化了的黄油轻轻涂抹18厘米蛋糕盘，将杏仁片均匀撒在蛋糕盘底部。

2.将鸡蛋和蛋黄混合，轻轻搅打。在另一个碗中，将杏仁粉和糖粉混合轻轻搅拌。将三分之一的鸡蛋混合物加到杏仁粉混合物中，用电动打蛋器搅打，再分两次加入剩下的鸡蛋混合物，搅打至轻盈蓬松颜色变淡的状态，不要过度搅打。

3.在第2步的混合物中加入面粉和糖渍橙皮，搅拌均匀，加入融化的黄油，搅拌完全。

4.将面糊倒进准备好的蛋糕盘中，烘烤约40分钟，脱模，在隔热架上冷却。

5.在一小碗中将杏子酱和水混合均匀，在微波炉里稍稍加热30秒，刷在蛋糕表面。

6.制作糖衣。将糖粉和柠檬汁在碗中混合均匀，刷在蛋糕上，根据喜好装饰。

7.待糖衣干后可切块食用。

伯爵茶蛋糕

（参考分量：19厘米蛋糕1条）

配料：

低筋粉150克

泡打粉1/8小勺

糖浆100克（用50克糖和100克水制成）

柠檬汁2大勺

无盐黄油150克（软化）

糖粉150克

葡萄糖15克

鸡蛋150克（约3个）

盐1/8小勺

伯爵茶粉5克（从茶袋中取出）

杏仁粉15克

柠檬1个（用柠檬皮屑）

全脂鲜奶1大勺

制作过程：

1. 烤箱预热至170℃。在一个19厘米×9厘米×8厘米的长方体蛋糕模中铺上烤盘纸，面粉和泡打粉一起过筛两次。
2. 将糖浆和柠檬汁混合，放在一边。
3. 将黄油、糖粉和葡萄糖混合搅打至轻盈蓬松状态，慢慢加入鸡蛋，搅打均匀，再加入盐、茶粉、杏仁粉、柠檬皮屑和牛奶，混合均匀。
4. 加入面粉混合物，用抹刀搅拌完全，面糊表面应呈细腻光滑状态。
5. 将面糊倒入准备好的蛋糕模中，在面糊中间用抹刀"划"一刀，烘烤约50分钟，注意烘烤时间应根据烤箱不同而调整。
6. 烘烤完毕脱模，去掉烤盘纸，将蛋糕置于隔热架上，放于托盘上，趁热时刷上第2步中的柠檬糖浆。
7. 完全冷却后食用，若要储存，用保鲜膜包裹。

备注：更多小贴士和说明请参考基础磅蛋糕的食谱（52页）。

有时，你需要的只是这样一款简单朴素的磅蛋糕，与咖啡或茶完美相伴。

朗姆酒水果蛋糕

（参考分量：21厘米蛋糕1条）

配料（朗姆酒浸泡的混合水果）：

西梅干100克

杏干100克

无花果干10个

葡萄干300克

无核小葡萄干100克

蔓越莓干100克

糖水橘子100克

糖水樱桃100克

肉桂棒2条

朗姆酒400克

白兰地300克

红酒100克

配料（水果蛋糕）：

低筋粉150克

泡打粉1/2小勺

朗姆酒5大勺

糖浆4大勺（用50克糖和100克水制成）

制作过程：

1. 至少提前两星期准备朗姆酒浸泡混合水果，将所有的干果在沸水中煮，然后沥干，将干果倒进锅中，不放油干炒，直到干果变干。
2. 将西梅干、杏干和无花果干切成小块。将干果混合物放入一个有盖的大坛子，再加入肉桂棒、朗姆酒、白兰地和红酒，将坛子密封，放置至少两个星期，用朗姆酒浸泡的干果在室温中可保存1年。
3. 制作蛋糕。烤箱预热至170℃，在一个21厘米×10厘米×7.5厘米的长方体蛋糕模中铺上烤盘纸，面粉和泡打粉一起过筛两次。
4. 将朗姆酒和糖浆混合，制成朗姆酒糖浆，放在一边。
5. 混合干果中沥干多余糖浆，用吸水纸吸去多余水分，然后跟果酱在一起混合，放在一边。
6. 将黄油、红糖、姜粉、肉桂粉、五香粉和豆蔻粉在一起搅打至轻盈蓬松状态，慢慢加入鸡蛋，混合均匀，再加入糖蜜和杏仁粉，加入面粉、混合干果和果酱混合物，搅拌均匀。
7. 将面糊倒入准备好的蛋糕模中，在面糊中间用抹刀“划”一刀，烘烤约1小时10分钟，注意烘烤时间应根据烤箱不同而调整。
8. 烘烤完毕脱模，去掉烤盘纸，将蛋糕置于隔热架上，放于托盘上，趁热刷上朗姆酒糖浆。

市售什锦果酱150克

无盐黄油120克（软化）

红糖120克

姜粉$^{1}/_{2}$小勺

肉桂粉$^{1}/_{2}$小勺

五香粉$^{1}/_{4}$小勺

豆蔻粉$^{1}/_{8}$小勺

鸡蛋2个

糖蜜1大勺

杏仁粉20克

9.完全冷却后食用，若要储存，用保鲜膜包裹。

备注：更多小贴士和说明请参考磅蛋糕的食谱（52页）。

巧克力蛋糕

（参考分量：直径18厘米蛋糕1个）

配料：

低筋粉35克

可可粉50克

巧克力（55%可可含量）100克（切成小块）

无盐黄油80克（切成小块）

细砂糖40克

蛋黄4个

鲜奶油（35%脂肪含量）50克

糖粉（用于撒在表面）

配料（蛋白打发物）：

蛋白4个

细砂糖100克

配料（打发奶油）：

鲜奶油（35%脂肪含量）200克

细砂糖2小勺

制作过程：

1.烤箱预热至170℃。准备一个18厘米圆形活底蛋糕模，铺上烤盘纸，将面粉和可可粉混合过筛两次。

2.将巧克力和黄油在碗中隔水加热，巧克力和黄油融化后，加入糖、蛋黄和奶油，用手动打蛋器混合，放在一边。

3.制作蛋白打发物。将蛋白打发至泡沫状，加入一半糖，继续搅打几分钟，然后加入剩下的糖，继续搅打至光滑能拉出尖角状态。

4.在巧克力混合物中加入三分之一的蛋白打发物，用手动打蛋器搅拌，加入面粉和可可粉，混合均匀，加入剩下的蛋白打发物，混合至完全均匀。

5.将面糊倒入蛋糕模中，烘烤约50分钟，注意烘烤时间要根据烤箱不同而调整，烘烤完毕后，脱模，在隔热架上冷却。

6.制作打发奶油（60页）。在一干净碗中混合原料，将碗放在一个有冰块和冰水的大碗中，用电动打蛋器中速打发奶油至光滑能拉出尖角的状态。

7.在蛋糕上撒上糖粉，与奶油一起食用，可根据需要装饰。

对味蕾来说，巧克力从来不会让其失望；对喜欢甜点的你的客人和家人来说，这款巧克力蛋糕永远不会让大家失望。

超级香草芝士蛋糕

（参考分量：直径15厘米芝士蛋糕1个）

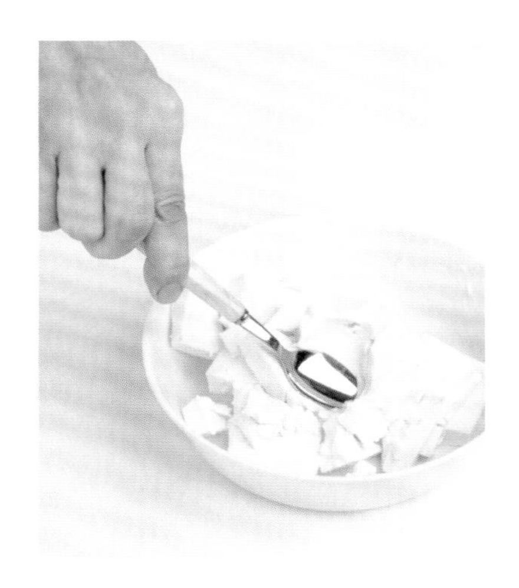

配料：

全麦饼干65克

无盐黄油25克（融化）

奶油芝士220克

细砂糖50克

蛋黄2个

鲜奶油（35%脂肪含量）1大勺

香草精1小勺（或香草豆荚，将豆荚从中间劈开，取其中的豆子）

罐装蓝莓60克（沥干并用纸巾吸干多余水分）

酸奶油130克

糖粉20克

制作过程：

1. 提前一天制作芝士蛋糕。烤箱预热至170℃。准备一个15厘米圆形活底蛋糕模，用软化了的黄油轻轻涂抹蛋糕模壁。
2. 将全麦饼干放在食品料理机中打成碎末，加入融化了的黄油，搅拌均匀。
3. 将饼干末倒入蛋糕模，均匀铺开，轻轻用一个玻璃杯底挤压饼干末，然后放入冰箱。
4. 将奶油芝士用微波炉600瓦中火加热约15秒直到软化，和糖、蛋黄、奶油及香草精一起放入食品料理机搅打均匀。
5. 在饼干底上放蓝莓，然后将奶油混合物放在上面，烘烤20到25分钟，直到芝士蛋糕顶部变成浅棕色，中间触碰有弹性，从烤箱中取出。
6. 烤箱温度升至200℃。
7. 将酸奶油和糖粉混合，用微波炉600瓦中火加热约30秒钟，直到混合物变成液体，倒在芝士蛋糕上，再放入烤箱烘烤2分钟，使酸奶油层凝固。
8. 从烤箱中取出芝士蛋糕，在隔热架上冷却，用保鲜膜覆盖，放入冰箱冷藏过夜。
9. 用热毛巾或喷灯焐热蛋糕模边使蛋糕易于脱模，切片时也使用温热的小刀，根据爱好装饰，立即食用。

菠萝酸奶芝士蛋糕

（参考分量：18厘米方形蛋糕1个）

配料：

特制海绵蛋糕（42页）1份

橙子利口酒1/2小勺

糖浆2大勺（用25克糖和50克水制成）

配料（自制糖渍菠萝）：

菠萝1个

水300克

细砂糖150克

橙子利口酒1大勺

配料（酸奶奶油芝士）：

奶油芝士200克

细砂糖80克

无糖原味酸奶300克

鲜奶油（35%脂肪含量）100克

柠檬汁1大勺

橙子利口酒1大勺

鱼胶片5克（浸泡在冰水中软化）

制作过程：

1. 提前一天制作糖渍菠萝。菠萝去皮，切成小块。将水和糖混合在平底锅中煮沸，一煮沸即关火，加入利口酒，在热糖浆中加入菠萝小块，用保鲜膜盖住平底锅，将混合物放置过夜，如果想省去这个步骤，可用130克罐装菠萝，切成小块。
2. 提前一天制作芝士蛋糕。准备一份特制海绵蛋糕（42页）。
3. 去掉海绵蛋糕上的焦皮，用一个18厘米×18厘米的方形蛋糕圈，从海绵蛋糕中切出一个边长为18厘米的正方形，将蛋糕留在蛋糕圈中，放在一个不锈钢托盘或蛋糕板上。
4. 将橙子利口酒和糖浆混合，刷在蛋糕上，放在一边。
5. 制作酸奶奶油芝士。将奶油芝士和细砂糖用电动打蛋器搅打至奶油状，加入酸奶、奶油、柠檬汁和橙子利口酒，混合均匀。
6. 将软化的鱼胶片放在隔热碗中隔水加热，鱼胶片一融化就加入第5步中的奶油混合物，混合完全。
7. 将第6步中一半的混合物倒进另一个碗中，加入糖渍菠萝或者罐装菠萝，搅拌均匀，将混合物倒在海绵蛋糕上，用斜角抹刀抹平，将剩下的另一半混合物再倒上，继续抹平，放入冰箱，冷藏过夜。
8. 用热毛巾或喷灯焐热蛋糕模边使蛋糕易于脱模，切片时也使用温热的小刀，根据爱好装饰，立即食用。

酸奶的加入使得这款芝士蛋糕与传统芝士蛋糕相比，口感更加轻盈，菠萝香味得以完美释放。

日式芒果布丁

（参考分量：7人份）

配料：

全脂牛奶250克

细砂糖50克

蛋黄2个

鱼胶片5克（浸泡在冰水中软化）

芒果泥150克

芒果150克（去皮，切成小方块）

打发奶油（60页）80克

制作过程：

1. 制作一份卡仕达酱。将牛奶和一半的糖在平底锅中混合加热煮沸，搅打蛋黄和剩下的糖至轻盈乳状，将一半的牛奶混合物加入蛋黄混合物中，混合均匀，将之倒入平底锅中，和剩下的牛奶混合物一起低火加热搅拌至浓稠状态，再加入鱼胶片混合完全。
2. 过滤混合物，加入芒果泥和芒果小块，将碗放进另一个盛有冰水的大碗中，使芒果混合物迅速冷却。
3. 将打发奶油倒进冷却的芒果混合物中搅拌，再倒进装布丁的玻璃杯中，食用前冷藏至少3小时，按喜好装饰。

杏仁雪球

（参考分量：约45个）

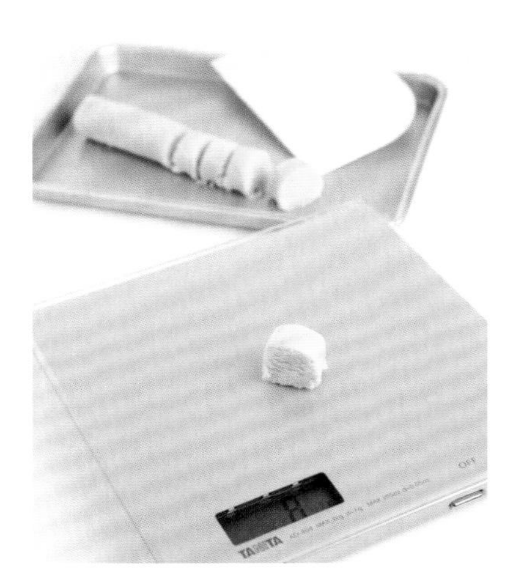

配料：

低筋粉150克

无盐黄油120克（软化）

糖粉50克（再加一些用于撒在表面）

盐一小撮

香草精1/2小勺

杏仁粉50克

制作过程：

1.烤箱预热至160℃。过筛面粉，在烤盘上放上烤盘纸。

2.搅打黄油、糖、盐和香草精直到软化，将面粉和杏仁粉放进黄油混合物，用抹刀或刮刀搅拌，用保鲜膜包裹面团放入冰箱约20分钟。

3.将冷的面团擀成直径约3厘米的长圆柱形，再切成小块，每块大约8克。

4.将小面团整形成小圆球，在烤盘中分行排列以使烘烤时加热均匀。

5.烘烤约20分钟，从烤箱取出放在隔热架上冷却。

6.冷却后，在饼干球上撒上糖粉，在密闭容器中保存以保持松脆。

Le Petit Jardin

巧克力杏仁饼干

（参考分量：约40块）

配料：

杏仁片40克

低筋粉150克

可可粉20克

无盐黄油120克（软化）

糖粉70克

盐1小撮

蛋黄1个

粗砂糖（用于撒在表面）

制作过程：

1.烤箱预热至150℃。杏仁片放在托盘上烘烤20分钟。面粉和可可粉混合过筛一次。

2.搅打黄油、糖粉和盐直到软化，加入蛋黄，混合均匀。

3.将面粉和可可粉的混合物放进第2步的混合物，用抹刀搅拌，加入烤好的杏仁片，搅拌完全，用保鲜膜包裹面团，放进冰箱约15分钟。

4.将饼干面团分成两份，将每一份都放在烤盘纸上，整形成直径约4厘米的圆木状，将之包裹在烤盘纸中放进冰箱，如果不是立即烘烤，可将面团再次包入保鲜膜中，在冰柜中可保存2个月。

5.烤箱预热至160℃。

6.将圆木面团切成约7毫米厚的小块，在饼干两侧裹上粗砂糖，排在垫了烤盘纸或不粘烤盘垫的烤盘中，烘烤约20分钟，从烤箱中取出，放在隔热架上冷却。

7.可立即食用，或者放在密闭容器中，在室温下可保存10天。

蓝莓酥皮麦芬蛋糕

（参考分量：6块麦芬蛋糕）

配料（酥皮）：

冷藏无盐黄油20克

细砂糖20克

低筋粉或蛋糕粉20克（过筛）

杏仁粉10克

配料（麦芬蛋糕）：

低筋粉120克

泡打粉1小勺

新鲜蓝莓100克

无盐黄油50克（软化）

红糖40克

细砂糖30克

鸡蛋65克（约1个）

冷藏全脂鲜奶60克

制作过程：

1.制作酥皮。将原料在碗中用手搅拌搓合至粗面包屑状态，放入冰箱。

2.烤箱预热至180℃。面粉和泡打粉混合过筛两次，取蓝莓18颗放在一边。

3.用电动手提式打蛋器将黄油搅打至柔软乳状，加入两种糖继续搅打至轻盈蓬松状态，加入鸡蛋，搅打至完全混合。

4.加入三分之一面粉，用抹刀搅拌，加入一半牛奶，继续轻轻搅拌面糊，加入另外三分之一面粉，搅拌，再加入剩下的牛奶，加入剩下的面粉，搅拌均匀但不要过度混合，加入剩下的蓝莓，轻轻搅拌。

5.取一六孔麦芬蛋糕模具，垫上蛋糕纸托，将面糊舀进纸托至四分之三满，在每一个麦芬蛋糕上放上三颗蓝莓，再撒上酥皮，烘烤25到30分钟，轻轻触碰麦芬蛋糕会有弹性。

6.将麦芬蛋糕放在隔热架上冷却，趁热食用最佳，也可在1～2天内食用，如果不是立即食用，可保存在密闭容器中，在冰箱中可保存4天，在冰柜中可保存两个星期。

小贴士：

1.如果用微波炉重新加热麦芬蛋糕，用500瓦中火。冷藏的麦芬蛋糕加热30秒，冷冻的加热一分半到两分钟。

2.如果用烤箱重新加热麦芬蛋糕，烤箱预热至180℃，冷藏的麦芬蛋糕加热5分钟，冷冻的加热8到10分钟。

3.如果用烤面包机重新加热麦芬蛋糕，用铝箔包裹麦芬蛋糕，冷藏的麦芬蛋糕加热5到6分钟，冷冻的加热10到12分钟。

自制果酱司康

（参考分量：10个司康）

配料（司康）：

低筋粉220克（或者用170克低筋粉加上50克全麦面粉，制作全麦司康）

泡打粉1大勺

冷藏无盐黄油80克（切成小块）

细砂糖30克

盐1/2小勺

蛋黄和牛奶混合物110克（将1个蛋黄和足够的全脂鲜奶混合）

葡萄干40克（可选用）

配料（杏子果酱）：

杏干200克

水300克

细砂糖200克

柠檬汁（半个柠檬中得到）

配料（柚子果酱）：

柚子3个（约240到300克）

水200克

细砂糖120到150克

柠檬汁1大勺

配料（李子果酱）：

新鲜红李500克

细砂糖250克

柠檬汁（一个柠檬中得到）

制作过程：

1. 提前一天准备面粉和黄油。面粉和泡打粉一起过筛，将黄油和面粉混合物放在一个塑料袋中，放入冰箱过夜。
2. 烤箱预热至200℃。将黄油面粉混合物、糖、盐一起放入食品料理机混合成粗面包屑状态，加入蛋黄和牛奶混合物，混合成一个光滑的面团，如果要用葡萄干，和蛋黄牛奶混合物一起加入。
3. 如果不用食品料理机做司康，则将面粉、糖和盐在一个碗里混合，加入黄油，用手指将黄油擦进面粉，使之成为粗面包屑状态，加入牛奶和蛋黄混合物，用刮刀搅拌，如果要用葡萄干，和蛋黄牛奶混合物一起加入。
4. 将面团放在撒了面粉的案板上，轻轻揉捏，擀成1.5～2厘米厚的面团，用5厘米的圆形切模切出尽可能多的圆形面团。
5. 将圆形面团排在烤盘上，刷上牛奶，烘烤12到15分钟，到司康变成金黄色，从烤箱中取出，放在隔热架上冷却，趁热食用，可配上果酱和奶油。

自制果酱

这些自制果酱如果密封不开盖，能在冰箱中保存1年，开盖后能保存1个月。给果酱罐子清洁和消毒时，可将罐子和盖子放入一个大罐中，加入足够的水，煮沸30分钟，然后小心用钳子取出罐子和盖子，擦干。

杏子果酱制作过程：

1. 将杏干和水放入小平底锅，中火煮5分钟，关火，放置至杏子水变稠结块。
2. 将变软的杏干放进食品料理机，打成光滑果酱，将果酱放入小锅，加入糖和柠檬汁，将混合物用小火煮10分钟，偶尔搅拌一下，将热果酱放入消毒过的果酱罐子，紧紧密封。

柚子果酱制作过程：

1.将柚子对半切开，榨汁，将皮切成小条，柚子皮和汁称重，再称出一半重量的糖。

2.将柚子皮放在一个小锅中，倒入足够的水基本盖住皮，煮沸，沥干柚子皮，再用水冲洗，重复两遍整个过程。

3.将煮过的柚子皮、汁、水、糖和柠檬汁放进锅中，小火煮15分钟，偶尔搅拌一下，将热果酱放入消毒过的果酱罐子，紧紧密封。

李子果酱制作过程：

1.李子去核，放入平底锅，加入糖和柠檬汁，煮沸，拂去表面的泡沫。

2.转成小火，继续煮40分钟，偶尔搅拌，直到李子的量煮得减少三分之一，将热果酱放入消毒过的果酱罐子，紧紧密封。

巧克力马卡龙

（参考分量：约15个马卡龙）

配料（巧克力马卡龙）：

低筋粉5克
杏仁粉70克
糖粉75克
可可粉20克
细砂糖30克
蛋白粉4克
蛋白100克

配料（巧克力酱）：

鲜奶油（35%脂肪含量）50克
巧克力（55%可可含量）50克（切碎）
无盐黄油5克（软化）

制作过程：

1. 烤箱预热至160℃。在烤盘上垫上烤盘纸，面粉、杏仁粉、糖粉和可可粉一起用粗筛过筛两次。
2. 制作打发物。将细砂糖和蛋白粉混合，将蛋白打发至泡沫状，加入糖和蛋白粉的混合物继续打发至光滑拉出尖角状态，在打发物中加入面粉混合物，轻轻搅拌。
3. 将面糊舀进有1厘米裱花嘴的裱花袋中，裱出直径约3.5厘米的小圆球，排在烤盘上，撒上两次糖粉，烘烤约15分钟，从烤箱中取出，在烤盘中冷却。
4. 制作巧克力酱。将奶油在平底锅中中火煮沸，一煮沸立即从火上移除，将巧克力放入一个碗中，将热奶油倒入碗中，静置30秒钟，用抹刀搅拌至光滑状态，加入黄油，混合均匀，静置冷却。
5. 将巧克力酱舀进有1厘米裱花嘴的干净裱花袋中，裱在马卡龙一半的半平面上，将另一半马卡龙与其两两合上。
6. 马卡龙最好提前一天做好，食用前在冰箱中冷藏一天，如需保存，放在密闭容器中放进冰箱可保存7天。

特别食谱

（不含鸡蛋、奶制品、鱼胶片和细砂糖）

红果果冻

（参考分量：8人份）

配料：

草莓10颗

水270克

琼脂粉4克

无糖葡萄汁2大勺

柠檬汁2大勺

龙舌兰糖浆60克

覆盆子15颗

蓝莓20颗

无籽红葡萄干6小勺

黑莓8颗

制作过程：

1.草莓洗净去蒂，切成小块，放在一边。

2.将水和琼脂粉放进小平底锅煮沸，一边不停搅拌，一边加入葡萄汁、柠檬汁、龙舌兰糖浆，搅拌均匀，从火上移除，使果酱混合物稍冷却。

3.将水果倒入碗中，再倒入果酱混合物，食用前放冰箱冷藏。

胡萝卜、姜、朗姆酒、葡萄干蛋糕

（参考分量：24厘米长蛋糕1条）

配料：

葡萄干60克

朗姆酒2大勺

核桃40克

未漂白的中筋面粉（通用面粉）180克（过筛）

无铝泡打粉1/2大勺

肉桂粉1/2小勺

姜粉 1/2小勺

枫糖浆140克

蔗糖60克

红花籽油60克

胡萝卜150克（去皮，磨成粗屑）

杏仁粉140克

制作过程：

1. 提前一天准备葡萄干，将葡萄干在小平底锅中用沸水煮1分钟，然后沥干，在朗姆酒中将葡萄干浸泡过夜。
2. 不用预热烤箱，将核桃在150℃烤箱中烘烤15到20分钟，冷却，切成小块。
3. 烤箱预热至170℃，在一个24厘米×8厘米×6厘米的长方体蛋糕模中铺上烤盘纸，面粉、泡打粉、肉桂粉和姜粉一起过筛两次。
4. 将枫糖浆、蔗糖和红花籽油混合在一个碗中搅拌，加入胡萝卜搅拌，再加入面粉、杏仁粉、浸泡着朗姆酒的葡萄干和烤过的核桃，用抹刀搅拌。
5. 将面糊倒进准备好的蛋糕模中，在面糊中间用抹刀“划”一刀，烘烤约50分钟，注意烘烤时间应根据烤箱不同而调整。
6. 烘烤完毕，将蛋糕放在一个干净的工作台上，从蛋糕底部去掉烤盘纸，在隔热架上冷却，冷却后，裹上保鲜膜，至少放置2天后再食用，蛋糕会更加好吃。

草莓大豆奶油蛋糕

（参考分量：28厘米长蛋糕1个）

配料：

草莓250克（洗净，去蒂，切成长条）

无糖苹果汁3大勺

配料（海绵蛋糕）：

枫糖浆55克

糙米糖浆50克

海盐1/2小勺

山药70克（去皮）

豆奶160克

红花籽油或葡萄籽油55克

未漂白的中筋面粉（通用面粉）100克（过筛两次）

糙米粉70克（过筛两次）

榛子粉20克

无铝泡打粉1小勺

配料（大豆奶油）：

无糖苹果汁150克

琼脂粉1/2小勺

老豆腐400克（沥干，再用厨房纸巾吸干水分）

龙舌兰糖浆80克

香草精1小勺

柠檬1个（揉碎成柠檬皮屑）

制作过程：

1.烤箱预热至170℃，在一个20厘米×20厘米的方形蛋糕模上铺上烤盘纸。

2.制作海绵蛋糕。将枫糖浆、糙米糖浆、盐和山药放在碗里搅打均匀，加入豆奶和油混合均匀，再加入面粉、糙米粉、榛子粉和泡打粉，用抹刀搅拌。

3.将面糊倒进准备好的蛋糕模中，用抹刀抹平，将蛋糕模放在烤盘上，烘烤约25分钟，脱模，放进塑料袋中冷却。

4.将冷却的海绵蛋糕放在一个干净的工作台上，去掉烤盘纸，将海绵蛋糕切成3块长方形，将其中一块对半切开，放在一边。

5.制作大豆奶油。将苹果汁和琼脂粉放在小平底锅中加热，持续搅拌，直到琼脂粉完全融化，关火，放在一边。

6.将豆腐、龙舌兰糖浆、香草精和柠檬皮屑放进食品料理机中搅拌均匀，加入琼脂粉混合物，搅拌完全。

7.组装蛋糕。将一片长方形蛋糕放在一个长方形盘子中，再接上一片对半切开的蛋糕。

8.在海绵蛋糕上刷上苹果汁，再涂上四分之一的大豆奶油，放上切片后的草莓，再涂上一层四分之一的大豆奶油，将剩下的海绵蛋糕放于这上面，再将剩下的大豆奶油涂于蛋糕顶部和侧面。

9.根据喜好装饰，切片食用。

亲朋好友们几乎都不相信这是一款低脂健康蛋糕，大豆奶油赋予了这款蛋糕不油不腻，清淡却丰富的口感。

红薯杯子蛋糕

（参考分量：7到8个杯子蛋糕）

配料：

红薯170克（搓洗干净）

蔗糖50克+2大勺

未漂白的中筋面粉（通用面粉）90克（过筛）

全麦面粉40克（过筛）

无铝泡打粉1大勺

海盐$^1/_8$小勺

山药60克（去皮）

豆奶120克

香草精1小勺

红花籽油或葡萄籽油20克

葡萄干30克

制作过程：

1. 准备7到8个麦芬蛋糕纸模或布丁纸模。
2. 将红薯切成小块，放在小平底锅中，加入两大勺蔗糖，倒进足够的水，盖住红薯块，将红薯煮软，然后沥干，放置。
3. 将面粉和泡打粉放在一起过筛。
4. 将剩下的蔗糖、海盐和山药放在碗中，搅打均匀，加入豆奶、香草精和红花籽油或葡萄籽油，混合均匀，加入面粉混合物，用抹刀搅拌均匀，加入一半的煮软的红薯和葡萄干到面糊中，搅拌均匀。
5. 将面糊倒进准备好的纸模中，在每个蛋糕上放上剩下的红薯，在蒸锅中将水煮沸，再将杯子蛋糕放在蒸锅里，高火蒸20分钟，从蒸锅中取出，在隔热架上冷却。
6. 趁热食用或放至常温食用。

这些杯子蛋糕是人们最爱的家常甜点，简单易做，美味可口。

抹茶饼干

（参考分量：约20块饼干）

配料：

未漂白的中筋面粉（通用面粉）100克（过筛）

泡打粉1小撮（过筛）

抹茶粉5克（过筛）

杏仁粉50克（过筛）

糙米糖浆15克

枫糖浆45克

海盐1小撮

红花籽油或葡萄籽油25克

制作过程：

1. 烤箱预热至150℃，面粉、泡打粉、抹茶粉和杏仁粉一起过筛两次。
2. 将糙米糖浆、枫糖浆、海盐和油在碗中混合搅拌均匀，加入面粉混合物，用抹刀搅拌，用手迅速搓成粗面团。
3. 将烤盘纸或不粘烤盘垫放在面团上，擀成约5毫米厚的面皮，如果面团过于柔软，可放入冰箱冷藏几分钟再擀。
4. 用3.5厘米方形饼干切模或其他饼干切模切出饼干面皮，排放在铺了烤盘纸的烤盘上，烘烤15到20分钟，到饼干变硬，从烤箱取出，在隔热架上冷却。
5. 饼干在密闭容器中存放，室温下可保存10天。

榛子饼干

（参考分量：约20块饼干）

配料：

未漂白的中筋面粉（通用面粉）100克（过筛）

无铝泡打粉1小撮

榛子粉50克

枫糖浆55克

海盐1小撮

红花籽油或葡萄籽油25克

制作过程：

1.烤箱预热至150℃，将面粉、泡打粉和榛子粉放在碗中用手指揉搓。

2.将枫糖浆、海盐和油在碗中混合搅拌均匀，加入面粉混合物，用抹刀搅拌，用手迅速搓成粗面团。

3.将面团放在烤盘纸或不粘烤盘垫中，擀成约5毫米厚的面皮，如果面团过于柔软，可放入冰箱冷藏几分钟再擀。

4.用5厘米花形饼干切模或其他饼干切模切出饼干面皮，排放在铺了烤盘纸的烤盘上，烘烤15到20分钟，到饼干变硬，从烤箱取出，在隔热架上冷却。

5.饼干在密闭容器中存放，室温下可保存10天。

能量棒

（参考分量：6块）

配料：

核桃30克

糙米糖浆70克

无糖苹果汁50克

松子30克

南瓜子20克

葡萄干50克

蔓越莓干20克

燕麦片60克

全麦面粉60克

制作过程：

1.不用预热烤箱，将核桃在150℃烤箱中烘烤15分钟，冷却后切成小块，放在一边。

2.将糙米糖浆和苹果汁在碗中混合均匀，加入核桃、松子、南瓜子、葡萄干、蔓越莓干和燕麦片，混合均匀，加入面粉，搅拌。

3.将混合物放进一中等大小的冷冻袋（约13厘米×24厘米），密封，用擀面杖将混合物擀成冷却袋的形状，放进冰柜冷冻1小时。

4.烤箱预热至150℃，用剪刀剪开冷却袋，用小刀将混合物切成六条，放在铺了烤盘纸的烤盘上。

5.烘烤约25分钟，从烤箱中取出，在隔热架上冷却。

6.能量棒密闭保存。

能简单自制，何必再费神购买。休闲时或奔波时来一条，能量满满。

花生酱饼干

（参考分量：约25块饼干）

配料：

未漂白的中筋面粉（通用面粉）80克

全麦面粉40克

无铝泡打粉$1/_{8}$小勺

花生粉40克

糙米糖浆60克

枫糖浆50克

粗粒花生酱70克

红花籽油或葡萄籽油50克

制作过程：

1.烤箱预热至160℃，将面粉、泡打粉和花生粉一起过筛两次，在烤盘上垫上烤盘纸。

2.将糙米糖浆、枫糖浆、花生酱和油在碗中混合搅拌均匀，加入面粉混合物，用抹刀搅拌，饼干面团应柔软有黏性。

3.舀一大勺面团到准备好的烤盘上，用叉子抹平面团，重复此动作，饼干之间留有一点间隙。

4.烘烤15到20分钟，或者烤至饼干呈现浅金黄色，从烤箱取出，放在隔热架上冷却。

5.饼干在密闭容器中存放，室温下可保存10天。

抹茶果冻配红豆酱

（参考分量：6～8人份）

配料（抹茶果冻）：

葛根粉15克

室温水200克

热水100克

抹茶粉8克

豆奶200克

琼脂粉4克

龙舌兰糖浆90克

配料（红豆酱）：

红豆100克（洗净沥干）

蔗糖50克

盐1小撮

制作过程：

1. 将葛根粉和两大勺水在一个小碗中混合均匀，在另一个碗中，慢慢将热水加到抹茶粉中，一边搅拌一边加水直至完全融化。
2. 将豆奶、剩下的常温水、琼脂粉和第1步中的葛根粉混合物在小平底锅中煮沸，一边持续搅拌，一边加入龙舌兰糖浆和抹茶粉混合物，混合均匀。
3. 将混合物倒入6到8个果冻模中，放入冰箱冷藏直至凝固。
4. 同时制作红豆酱。将红豆洗净，在水中煮，然后沥干放至平底锅中。
5. 放入足够的水盖住红豆，小火加热约1小时，直到红豆变软，撇去表面浮沫，红豆变软后，从火上移除沥干。
6. 再将红豆放入平底锅，加入蔗糖，用小火煮，持续搅拌5分钟，再加入盐，搅拌均匀，从火上移除，将红豆酱摊在盘子中冷却。
7. 将果冻模放在热水中使果冻脱模，倒在盘子中，边上放红豆酱，可立即食用。

红豆酱细腻别致的风味中和了抹茶果冻淡淡的苦味，是一款久吃不腻的甜点。

杏仁、核桃焦糖饼干

（参考分量：约20块饼干）

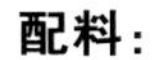

配料：

杏仁片50克

核桃50克

全麦面粉75克（过筛）

未漂白的中筋面粉（通用面粉）75克（过筛）

无铝泡打粉1小撮（过筛）

杏仁粉20克（过筛）

枫糖浆30克

海盐1小撮

香草精1小勺

红花籽油或葡萄籽油70克

配料（焦糖）：

糙米糖浆80克

枫糖浆40克

红花籽油或葡萄籽油40克

制作过程：

1. 不用预热烤箱，将杏仁片和核桃在150℃的烤箱中烘烤20分钟，冷却后将核桃切成小块，放在一边。
2. 将烤箱温度提高到160℃，将面粉、泡打粉和杏仁粉一起过筛两次。
3. 将枫糖浆、盐、香草精和油在碗里混合均匀，加入面粉混合物，用抹刀搅拌，用手迅速搓成粗面团。
4. 将面团放在两层烤盘纸中，擀成约5毫米厚的面皮，去掉上面一层纸，将一个18厘米×18厘米的方形蛋糕圈放在面团上，整成一个方形，去掉边上多余面团。
5. 将面团连同蛋糕圈和烤盘纸放到烤盘上，用叉子在面团上戳一些小孔，烘烤25分钟，从烤箱中取出，在隔热架上冷却，将烤箱温度提高到170℃。
6. 制作焦糖。将糙米糖浆、枫糖浆和油放进一个平底锅，煮沸，继续煮至混合物变厚，加入核桃和杏仁混合均匀，将焦糖倒在烤好的饼干大块上，用刮刀抹平，再放进烤箱烘烤20分钟，或者烤至表面变成金黄色。
7. 将饼干从烤箱中取出，在隔热架上冷却后，切成16块方形饼干，在密闭容器中常温下可保存10天。

苹果布朗尼

（参考分量：18厘米蛋糕1个）

配料：

朗姆酒2大勺

速溶咖啡颗粒6克

无糖烘焙用巧克力30克

橄榄油60克（可用红花籽油或葡萄籽油代替）

未漂白的中筋面粉（通用面粉）150克

可可粉30克

无铝泡打粉1小勺

枫糖浆150克

糙米糖浆50克

杏仁粉50克

配料（苹果混合物）：

青苹果2个（去芯，切成均匀薄片）

枫糖浆3大勺

柠檬汁1大勺

葡萄干40克

制作过程：

1. 预热烤箱至170℃，在一个18厘米×18厘米的方形蛋糕模中轻轻涂上一点橄榄油。
2. 准备苹果混合物。将所有原料在一个小平底锅中混煮，直到苹果变成焦糖状，将之放在托盘上冷却。
3. 将朗姆酒和咖啡在一个小碗中混合均匀。
4. 将巧克力隔水融化，倒入橄榄油搅拌均匀。
5. 将面粉、可可粉和泡打粉混合过筛两次，放在一边。
6. 将朗姆酒和咖啡混合物、枫糖浆、糙米糖浆和融化的巧克力混合物倒入碗中，用打蛋器搅打，加入面粉混合物和杏仁粉，用抹刀搅拌，加入苹果混合物，混合均匀。
7. 将混合物倒入准备好的蛋糕模中，用刮刀抹平，烘烤30分钟，直到碰触蛋糕时，蛋糕有弹性。
8. 将蛋糕从烤箱中取出，在隔热架上冷却，切片食用。如要保存，包在保鲜膜中，在冰柜中可保存两星期。

无花果和杏子挞

（参考分量：直径20厘米挞1个）

配料：

无花果干4个

杏子干7个

杏子酱（148页）100克（用蔗糖代替细砂糖）

配料（挞皮）：

全麦斯佩尔特面粉75克

未漂白的中筋面粉（通用面粉）75克

无铝泡打粉1小撮

枫糖浆30克

海盐1小撮

香草精1小勺

豆奶1小勺

红花籽油或葡萄籽油60克

配料（杏仁奶油）：

未漂白的中筋面粉（通用面粉）40克

无铝泡打粉1/2小勺

杏仁粉70克

榛子粉50克

枫糖浆50克

龙舌兰糖浆50克

豆奶50克

红花籽油或葡萄籽油40克

香草精1小勺

制作过程：

1.在平底锅中将水煮沸，加入无花果和杏子水煮，然后沥干，用厨房纸巾吸干水分，切成小块，放在一边。

2.制作杏子酱（148页），用蔗糖代替细砂糖，称出100克杏子酱，将剩下的果酱储存以备他用。

3.烤箱预热至180℃。

4.制作挞皮。将面粉和泡打粉混合过筛两次，将枫糖浆、海盐、香草精、豆奶和油在碗中混合均匀，加入面粉混合物，用抹刀搅拌，用手迅速搓成粗面团。

5.将面团上下垫上烤盘纸，擀成3～5毫米厚的面皮，将面皮放入20厘米活底凹槽挞盘中，将面皮轻轻压至和挞盘底部吻合，不要拉升面皮，用擀面杖在挞盘顶部滚过，去除多余的面皮，用叉子在挞皮上戳些小孔。

6.用一张铝箔或不粘烤盘垫放在面皮上（不要盖住面皮边缘），将之压进底部，放上重石，烘烤10分钟，当挞皮边缘开始变色时，小心去除重石和铝箔，从烤箱中取出，在隔热架上冷却。

7.将烤箱温度保持在180℃，制作杏仁奶油，将面粉和泡打粉一起过筛。

8.将杏仁粉、榛子粉和面粉混合物放在碗中，用打蛋器搅打，加入剩下的原料混合均匀，拌入煮过的无花果和杏子。

9.将杏子酱抹在挞上，再倒上杏仁奶油，用斜角抹刀抹平奶油，烘烤约25分钟，从烤箱中取出，冷却后食用。

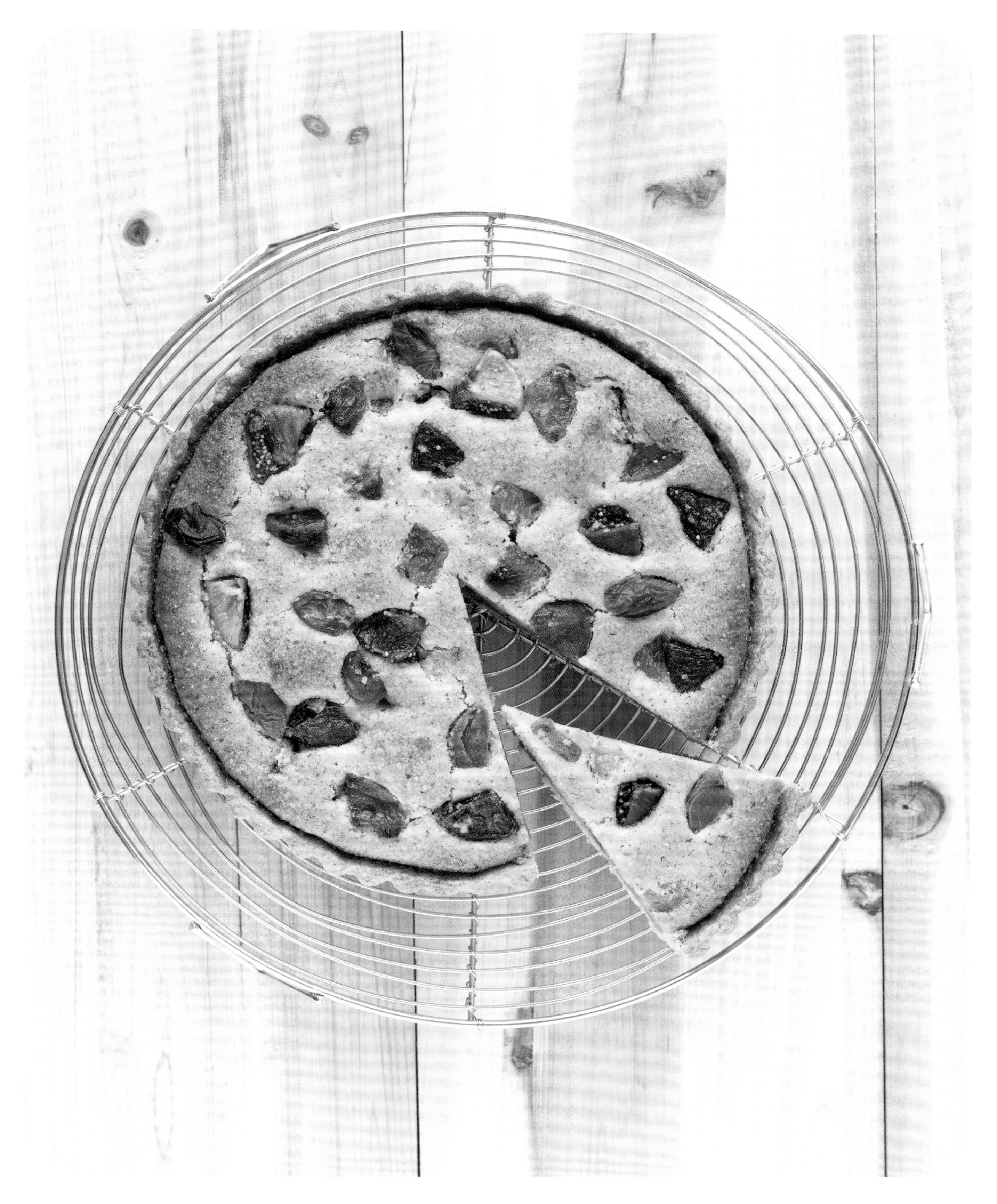

巧克力香蕉挞

（参考分量：直径20厘米挞1个）

配料：

香蕉3个

熟核桃（用于装饰）

配料（挞皮）：

全麦斯佩尔特面粉75克

未漂白的中筋面粉（通用面粉）75克

无铝泡打粉1小撮

枫糖浆30克

海盐1小撮

香草精1小勺

豆奶1小勺

红花籽油或葡萄籽油60克

配料（巧克力奶油）：

无糖烘焙用巧克力30克

老豆腐200克（沥干，再用厨房纸巾吸干水分）

枫糖浆50克

糙米糖浆50克

覆盆子果泥40克

制作过程：

1.烤箱预热至180℃。

2.制作挞皮。将面粉和泡打粉混合过筛两次，在冰箱里冷藏几分钟。

3.将枫糖浆、海盐、香草精、豆奶和油在碗中混合均匀，加入冷藏过的面粉混合物，用抹刀搅拌，用手迅速搓成粗面团。

4.将面团上下垫上烤盘纸，擀成3～5毫米厚的面皮，将面皮放入20厘米活底凹槽挞盘中，将面皮轻轻压至和挞盘底部吻合，不要拉升面皮，用擀面杖在挞盘顶部滚过，去除多余的面皮，用叉子在挞皮上戳些小孔。

5.用一张铝箔或不粘烤盘垫放在面皮上（不要盖住面皮边缘），将之压进底部，放上重石，烘烤10分钟，当挞皮边缘开始变色时，小心去除重石和铝箔，从烤箱中取出，在隔热架上冷却。

6.制作巧克力奶油。将巧克力放在一个隔热碗中隔水加热。

7.将豆腐在食品料理机中打成奶油状，加入枫糖浆、糙米糖浆和覆盆子果泥，混合均匀，再加入融化了的巧克力。

8.香蕉去皮切片，将一半的巧克力奶油倒在挞皮上，盖上一层香蕉片，将剩下的巧克力奶油抹在香蕉上，再将剩下的香蕉片放在奶油上。

9.用熟核桃装饰挞，食用前放入冰箱冷藏片刻。

栗子味噌蛋糕

（参考分量：直径17厘米蛋糕1个或者杯子蛋糕7个）

配料：

未漂白的中筋面粉（通用面粉）130克

无铝泡打粉1大勺

蔗糖80克

味噌40克

山药100克（磨碎）

水90克

红花籽油或葡萄籽油30克

市售熟栗子100克（对半切开）

制作过程：

1. 用少许油轻涂在17厘米的蛋糕圆模中，如果做杯子蛋糕，在7个圆形挞模中放上做麦芬蛋糕的纸模，将面粉和泡打粉一起过筛，放在一边。
2. 将蔗糖和味噌放在碗中混合均匀，加入山药搅打，加入水和油，混合均匀，加入面粉混合物，用抹刀搅拌，加入切成一半的栗子。
3. 将面糊倒入准备好的蛋糕模或挞模中，将水煮沸，蛋糕用高火蒸20分钟，直到蛋糕蓬起，从蒸锅中取出，在隔热架上冷却。
4. 趁热食用或室温食用。

如果不是立即食用，请将蛋糕或杯子蛋糕放入冰箱冷藏。在天气较热的情况下，混合物中的味噌容易使蛋糕或杯子蛋糕变质。

草莓和红豆米粉球

（参考分量：4个球）

配料：

红豆酱（170页）160克

粘米粉70克

水110克

土豆粉（用于涂层）

小草莓4个（洗净，去蒂）

制作过程：

1.制作红豆酱（170页），称出160克，放在一边。

2.将粘米粉和水混合放在碗中，用微波炉600瓦中火加热1分钟，搅拌均匀，再放入微波炉加热1分钟。

3.将米粉团从碗中取出，涂上土豆粉，以防粘住，将米粉团平分成四份，捏成球状。

4.称出四份红豆酱，每份40克，也捏成球状，然后轻轻压平，每份红豆酱球里放进一个草莓，用红豆酱包裹。

5.压平球状米粉团，在中间包上红豆球，用手指轻轻拉升米粉团，裹住红豆球，每一份都这样。

6.将米粉球轻轻裹上土豆粉以防粘，立即食用。

宠物食谱

HAPPY
BIRTHDAY
Cookie

鸡肝饼干

（参考分量：约40块大饼干或80块小饼干）

配料：

鸡肝200克

豆奶80克

鸡蛋1个

全麦面包粉100克

玉米粉100克

制作过程：

1.烤箱预热至150℃。

2.不用油，将鸡肝炒干，放进食品料理机搅打，加入豆奶和鸡蛋搅打均匀，加入面粉和玉米粉混合成一个面团。

3.将面团放在铺了点面粉的案板上，轻轻揉捏，擀成约5毫米厚的面皮，用饼干切模切成尽可能多的饼干面皮。

4.将饼干放在铺了烤盘纸的烤盘上，烘烤约30分钟，直到饼干烤干变松脆，从烤箱中取出，在隔热架上冷却。

5.饼干放在密闭容器中保存，室温下可放置10天，在冰箱或冰柜中可存放2个月。

鲣鱼饼干

（参考分量：约40块大饼干或80块小饼干）

配料：

全麦面包粉100克

未漂白的中筋面粉（通用面粉）50克

玉米粉100克

鲣鱼片50克

鸡蛋1个

豆奶130克

制作过程：

1. 烤箱预热至150℃。
2. 将面粉、玉米粉和鲣鱼片放进食品料理机搅打，加入豆奶和鸡蛋搅打均匀，成一个面团。
3. 将面团放在铺了点面粉的案板上，轻轻揉捏，擀成约5毫米厚的面皮，用饼干切模切成尽可能多的饼干面皮。
4. 将饼干放在铺了烤盘纸的烤盘上，烘烤约30分钟，直到饼干烤干变松脆，从烤箱中取出，在隔热架上冷却。
5. 饼干放在密闭容器中保存，室温下可放置10天，在冰箱或冰柜中可存放2个月。

自制肉干

（参考分量：约100到150克肉干）

配料：

鸡胸肉200克

鸡胗100克

制作过程：

1.烤箱预热至120℃，在烤盘上垫上烤盘纸。

2.将鸡肉放进冰柜冻几分钟以便容易切片，切成5厘米长的条，将鸡肉放在烤盘上。

3.将鸡胗稍稍切开，不要整个切断，将鸡胗和鸡肉一起平放在烤盘上。

4.烘烤约1小时，直到鸡肉和鸡胗完全烤干，从烤箱中取出，在隔热架上冷却。

5.放在密闭容器中，在冰箱中可保存2个星期，在冰柜中可保存2个月。

手工自制肉干非常方便，且绝对不含防腐剂和化学物质。

宠物生日蛋糕

（参考分量：直径15厘米蛋糕1个）

配料（胡萝卜和菠菜海绵蛋糕）：

全麦面粉30克

未漂白的中筋面粉（通用面粉）50克

鸡蛋2个

枫糖浆25克

胡萝卜70克（磨成粗块）

菠菜30克（煮熟、沥干、切碎）

配料（大豆奶油）：

无糖苹果汁100克

琼脂粉1大勺

老豆腐200克（沥干，再用厨房纸巾吸干水分）

配料（角豆奶油）：

角豆粉2大勺

水或苹果汁2小勺

制作过程：

1. 烤箱预热至170℃，准备一个15厘米圆形活底蛋糕模，铺上烤盘纸，面粉过筛。
2. 用手动打蛋器轻轻搅打鸡蛋，加入枫糖浆，用电动打蛋器高速搅打至鸡蛋呈蓬松状态，再降低速度，轻轻搅打约1分钟，加入面粉、胡萝卜和菠菜，用抹刀轻轻搅拌。
3. 将面糊倒入准备好的蛋糕模中，烘烤25分钟，烘烤完毕后，脱模，放进塑料袋中冷却。
4. 制作大豆奶油。将苹果汁和琼脂粉放在小平底锅中，低火加热至琼脂完全溶解，将豆腐放在食品料理机中，再加入苹果汁混合物，混合均匀。
5. 制作角豆奶油。称出100克大豆奶油，与角豆粉、水或苹果汁混合。
6. 将剩下的大豆奶油涂在冷却了的海绵蛋糕上，用刮刀抹平，将角豆奶油舀进有1厘米裱花嘴的裱花袋中，根据喜好装饰。

HAPPY
BIRTHDAY

红薯球

（参考分量：约30个球）

配料：

红薯100克（用刷子擦洗干净）

大豆粉1大勺

黑芝麻1大勺（烤熟，碾碎）

米粉3大勺

豆奶3大勺

制作过程：

1.将红薯切成小块，放在碗中，用保鲜膜覆盖，用微波炉600瓦中火加热2分钟，或者加热至红薯变软。

2.将煮好的红薯放进食品料理机搅打，加入剩下的原料一起搅打，形成一个面团。

3.将面团做成球状，在铺了面粉的案板上轻轻揉捏，将面团均分成30份，做成小球。

4.将一锅水煮沸，将红薯球放在锅中煮至浮于表面，捞出沥干。

5.烤箱预热至160℃，将红薯球放在铺了烤盘纸的烤盘上，烘烤10分钟，从烤箱中取出，在隔热架上冷却。

6.红薯球密闭保存，可在冰箱中保存1个星期，在冰柜中保存1个月。

计量单位

本书中的计量单位都用了公制、英制和美制。标准的勺和杯的计量单位是：1小勺=5毫升，1大勺=15毫升，1杯=250毫升。除非有特殊说明，所有的计量单位都是同一标准的。

液体计量

公制	英制	美制
5毫升	$^1/_6$液盎司	1茶匙
10毫升	$^1/_3$液盎司	1甜点匙
15毫升	$^1/_2$液盎司	1大匙
60毫升	2液盎司	$^1/_4$杯（4大匙）
85毫升	$2^1/_2$液盎司	$^1/_3$杯
90毫升	3液盎司	$^3/_8$杯（6大匙）
125毫升	4液盎司	$^1/_2$杯
180毫升	6液盎司	$^3/_4$杯
250毫升	8液盎司	1杯
300毫升	10液盎司（$^1/_2$品脱）	$1^1/_4$杯
375毫升	12液盎司	$1^1/_2$杯
435毫升	14液盎司	$1^3/_4$杯
500毫升	16液盎司	2杯
625毫升	20液盎司（1品脱）	$2^1/_2$杯
750毫升	24液盎司（$1^1/_5$品脱）	3杯
1升	32液盎司（$1^3/_5$品脱）	4杯
1.25升	40液盎司（2品脱）	5杯
1.5升	48液盎司（$2^2/_5$品脱）	6杯
2.5升	80液盎司（4品脱）	10杯

固体计量

公制	英制
30克	1盎司
45克	$1^1/_2$盎司
55克	2盎司
70克	$2^1/_2$盎司
85克	3盎司
100克	$3^1/_2$盎司
110克	4盎司
125克	$4^1/_2$盎司
140克	5盎司
280克	10盎司
450克	16盎司（1磅）
500克	1磅，$1^1/_2$盎司
700克	$1^1/_2$磅
800克	$1^1/_2$磅
1千克	2磅，3盎司
1.5千克	3磅，$4^1/_2$盎司
2千克	4磅，6盎司

温度计量

	摄氏度	华氏度
特低温	120	250
低温	150	300
中低温	160	325
中温	180	350
中高温	190/200	370/400
高温	210/220	410/440
特高温	230	450
超高温	250/290	475/550

长度计量

公制	英制
0.5厘米	$^1/_4$英寸
1厘米	$^1/_2$英寸
1.5厘米	$^3/_4$英寸
2.5厘米	1英寸